西昌学院"质量工程"资

U0456638

园林植物配置与造景
——以西昌园林造景为例

YUANLIN ZHIWU PEIZHI YU ZAOJING
—— YI XICHANG YUANLIN ZAOJING WEILI

主　编　王立新

副主编　余　斌　李　静

参　编　李向婷

四川大学出版社
SICHUAN UNIVERSITY PRESS

图书在版编目（CIP）数据

园林植物配置与造景：以西昌园林造景为例 / 王立新 主编. -- 成都：四川大学出版社，2024.6

（西昌学院"质量工程"资助出版系列专著）

ISBN 978-7-5614-7400-6

Ⅰ. ①园… Ⅱ. ①王… Ⅲ. ①园林植物－配置－高等职业教育－教材②园林植物－景观设计－园林设计－高等职业教育－教材 Ⅳ. ① TU986.2

中国版本图书馆 CIP 数据核字（2013）第 304866 号

书　　名：园林植物配置与造景——以西昌园林造景为例

Yuanlin Zhiwu Peizhi yu Zaojing——Yi Xichang Yuanlin Zaojing Weili

主　　编：王立新

丛 书 名：西昌学院"质量工程"资助出版系列专著

选题策划：李思莹

责任编辑：李思莹

责任校对：周　颖

装帧设计：墨创文化

责任印制：李金兰

出版发行：四川大学出版社有限责任公司

　　　　　地址：成都市一环路南一段 24 号（610065）

　　　　　电话：（028）85408311（发行部）、85400276（总编室）

　　　　　电子邮箱：scupress@vip.163.com

　　　　　网址：https://press.scu.edu.cn

印前制作：四川胜翔数码印务设计有限公司

印刷装订：四川五洲彩印有限责任公司

成品尺寸：170mm×240mm

印　　张：12.5

字　　数：260 千字

版　　次：2024 年 11 月 第 1 版

印　　次：2024 年 11 月 第 1 次印刷

定　　价：60.00 元

扫码获取数字资源

四川大学出版社
微信公众号

总　序

为深入贯彻落实党中央和国务院关于高等教育要全面坚持科学发展观，切实把重点放在提高质量上的战略部署，经国务院批准，教育部和财政部于2007年1月正式启动"高等学校本科教学质量与教学改革工程"（简称"质量工程"）。2007年2月，教育部又出台了《关于进一步深化本科教学改革全面提高教学质量的若干意见》。自此，中国高等教育拉开了"提高质量，办出特色"的序幕，从扩大规模正式向"适当控制招生增长的幅度，切实提高教学质量"的方向转变。这是继"211工程"和"985工程"之后，高等教育领域实施的又一重大工程。

在党的十八大精神的指引下，西昌学院在"质量工程"建设过程中，全面落实科学发展观，全面贯彻党的教育方针，全面推进素质教育；坚持"巩固、深化、提高、发展"的方针，遵循高等教育的基本规律，牢固树立人才培养是学校的根本任务，质量是学校的生命线，教学是学校的中心工作的理念；按照分类指导、注重特色的原则，推行"本科学历（学位）＋职业技能素养"的人才培养模式，加大教学投入，强化教学管理，深化教学改革，把提高应用型人才培养质量视为学校的永恒主题。学校先后实施了提高人才培养质量的"十四大举措"和"应用型人才培养质量提升计划20条"，确保本科人才培养质量。

通过7年的努力，学校"质量工程"建设取得了丰硕成果，已建成1个国家级特色专业，6个省级特色专业，2个省级教学示范中心，2个卓越工程师人才培养专业，3个省级高等教育"质量工程"专业综合改革建设项目，16门省级精品课程，2门省级精品资源共享课程，2个省级重点实验室，1个省级人文社会科学重点研究基地，2个省级实践教学建设项目，1个省级大学生校外农科教合作人才培养实践基地，4个省级优秀教学团队，等等。

为搭建"质量工程"建设项目交流和展示的良好平台，使之在更大范围内发挥作用，取得明显实效，促进青年教师尽快健康成长，建立一支高素质的教学科研队伍，提升学校教学科研整体水平，学校决定借建院十周年之机，利用

2013年的"质量工程建设资金"资助实施"百书工程",即出版优秀教材80本,优秀专著40本。"百书工程"原则上支持和鼓励学校副高级职称的在职教学和科研人员,以及成果极为突出的中级职称和获得博士学位的教师出版具有本土化、特色化、实用性、创新性的专著,结合"本科学历(学位)+职业技能素养"人才培养模式的实践成果,编写实验、实习、实训等实践类的教材。

在"百书工程"实施过程中,教师们积极响应,热情参与,踊跃申报:一大批青年教师更希望借此机会促进自身教学科研能力的提升;一批教授甘于奉献,淡泊名利,精心指导青年教师;各二级学院、教务处、科技处、院学术委员会等部门的同志在选题、审稿、修改等方面做了大量的工作。北京理工大学出版社和四川大学出版社给予了大力支持。借此机会,向为实施"百书工程"付出艰辛劳动的广大教师、相关职能部门和出版社的同志等表示衷心的感谢!

我们衷心祝愿此次出版的教材和专著能为提升西昌学院整体办学实力增光添彩,更期待今后有更多、更好的代表学校教学科研实力和水平的佳作源源不断地问世,殷切希望同行专家提出宝贵的意见和建议,以利于西昌学院在新的起点上继续前进,为实现第三步发展战略目标而努力!

西昌学院校长　夏明忠

2013 年 6 月

前　言

　　随着中国城市化进程的加快和人民生活水平的提高，城市居民开始向往森林景观，怀念田园风光，渴望投入大自然的怀抱，改善城市环境逐渐成为社会的普遍共识。改善城市环境离不开园林，而园林植物又是园林的重要组成元素，其旺盛的生命力和丰富的色彩季相变化使园林景观具有流动性和动态感。园林植物造景是以乔木、灌木、竹类植物、藤本植物及草本植物等为素材，通过艺术手法，综合考虑各种生态因子的作用，充分发挥植物本身形态、色彩、质感等方面的美感，创造出与周围环境相适应、相协调，并能表达一定意境或具有一定功能的艺术空间。如果所选择的植物种类不能与种植地点的环境和生态相适应，植物就不能存活或生长不良，也就不能达到造景的要求；如果只顾及园林植物景观的美化，所设计的栽培植物群落不符合自然植物群落的发展规律，就难以达到预期的艺术效果。所以熟悉植物的特点，掌握自然植物群落形成和发育的规律，是搞好植物造景的基础，也是植物群落生态效益得以充分发挥的前提条件。

　　本书总结了西昌市园林植物造景在城市跨越式发展中的成功经验，重点突出了实际技能，同时也注重对当今国内发展迅速的先进技术的介绍，具有较强的地方性、实用性和可操作性。本书首先论述了传统园林的理论和实践，明确了园林植物配置与造景的概念，园林植物的特点和生态要求。其次，对园林植物造景的美学原则、园林植物配置的生态学原理和园林植物的造景功能与配置原则，以及园林植物配置的基本形式进行了归纳与总结。最后，重点讲述了城市道路、广场、滨水景观、居住区公共空间，阐述了中国最大的彝族聚居区首府西昌市的园林植物在城市道路、广场和邛海湿地公园建设中的配置特点。本书适合中小城市景观设计人员参考，也适合园林、园艺、建筑、旅游、艺术、景观设计等专业的师生及爱好者参考。

　　本书在编写过程中得到了西昌学院科技处的大力支持和帮助，西昌学院农业科学学院观赏植物科研团队的帮助与关心，同时也得到了西昌学院2011级园林专业、2009级园艺专业学生的支持，特别是刘明源、王琴等同学做了校稿工作，在此一并向所有给予过编者们支持和帮助的人们表示诚挚的谢意。

　　本书由王立新担任主编，余斌、李静担任副主编，具体分工如下：王立新编

写第 1 章、第 2 章、第 4~8 章；余斌编写第 3 章和第 9 章；李静、李向婷负责本书图片和数据的整理工作；全书由王立新统稿。

由于编写时间有限，囿于作者水平，书中疏漏不妥之处在所难免，敬请各位专家和同行指正，不胜感激。

王立新

2024 年 6 月

目　　录

第1章 绪 论

随着中国城市化进程的加快和人们生活水平的提高，城市居民开始向往森林景观，怀念田园风光，渴望投入大自然的怀抱。目前，各地园林化城市建设深入发展，这使得人们对植物造景的认识不仅停留在对美的欣赏和享受上，而且意识到植物对生态环境的重要性，认识到绿色植物是整个自然界生态平衡中最为关键的因素，是任何建筑物都无法代替的。植物造景是用生趣盎然、随季节变换的景观来柔化生硬密集的建筑线条，缓解人们精神上的疲劳。大量经过艺术配置的植物为人们创造出具有一定内涵的城市园林景观，对城市的发展产生了深远的影响，成为现代城市文明的重要标志。

1.1 园林植物配置与造景的概念

1.1.1 园林植物

园林植物是指一切适用于园林绿化的植物材料，包括乔木、灌木、竹类植物、藤本植物、草本植物等。园林植物具有观赏、组景、分隔空间、装饰、庇荫、防护、覆盖地面等用途。园林植物是园林景观设计中不可缺少的造景要素，在园林建设中起着极其重要的作用。园林植物就其本身而言是有形态、色彩、生长规律的生命活体。要创作完美的植物景观，必须做到科学性与艺术性高度统一，既要满足植物与环境在生态适应性上的统一，又要通过艺术构图原理体现出植物个体和群体的形式美，以及人们在欣赏时所产生的意境美。这是植物造景的一条基本法则。

在园林设计中，植物占有重要的地位。一个公园可以没有水体、没有建筑，但是不能没有能给公园带来生机的植物。所以，英国造园家布莱恩·克劳斯顿（Brian Clouston）说："园林设计归根结底是植物材料的设计，其目的是改善人类的生态环境，其他的内容只能在一个有植物的环境中发挥作用。"

1.1.2　园林植物造景

关于园林植物造景，我国学者有众多提法。从最初苏雪痕强调植物造景要发挥植物的美学价值，到周武忠强调植物造景要将植物的生物学特性与美学价值结合起来考虑，再到近年来众多学者都认为植物造景必须同时兼顾生态效益和美学价值，其内涵不断演化和完善，实际上反映了现代城市园林植物造景的特点和发展趋势。综合而言，园林植物造景是指以乔木、灌木、竹类植物、藤本植物以及草本植物等为素材，通过艺术手法，综合考虑各种生态因子的作用，充分发挥植物本身形态、色彩、质感等方面的美感，创造出与周围环境相适应、相协调，并能表达一定意境或具有一定功能的艺术空间。

1.2　中国古典园林植物配置

1.2.1　中国古典园林植物配置的特点

根据史料记载，中国古代最早将花木作为观赏物种用于园林中始于春秋战国时期，吴王夫差建造梧桐园和会景园，园内穿沿凿池，构亭营桥，所植花木，类多茶与海棠，可见当时园内就有了花木的栽植。魏晋南北朝时期，社会动荡不安，中国知识阶层为避免战乱而崇尚隐逸，向往自然，寄情于山水，因而出现了自然山水园林。隋唐两宋时期，山水园林进一步发展为写意山水园林。元明清时期，文人写意园林不断发展，至清代中后期已日臻成熟。在植物造景的方法上，清代中后期多用丛植或群植，借以欣赏树木的性情。此外，以粉墙为纸，点以蕉竹石树和围石成坛，在砖框漏窗前配置植物成框景，也极富画意。但是，植物在园林中仍处于配角的地位，仅起点缀的作用。有关造园方面的专著，明代的《群芳谱》《园冶》《长物志》中均已论及，清代的《广群芳谱》《花镜》中有更为详细的配置说明。从这些文字记述和保留至今的园林、古树名木来看，中国古典园林植物配置具有以下特点。

1. 园林植物配置是自然的概括和提炼

古人造景讲究师法自然，模拟大自然植物景观，即使是在面积很小的园林中，也模拟"三五成林"，创造"咫尺山林"的意境，甚至按照陶渊明《桃花源记》的描述，在园林中创造"武陵春色"，或者把田园风光搬进园林，设置"稻香村"等。

植物成片栽植时，讲究两株一丛要一俯一仰，三株一丛要分主宾，四株一丛则株距要有差异。在植物配置上，明代文震亨在《长物志》卷二"花木篇"中指出："第繁花杂木，宜以亩计。乃若庭除槛畔，必以虬枝古干，异种奇名，枝叶扶疏，位置疏密。或水边石际，横偃斜披；或一望成林，或孤枝独秀。草花不可繁杂，随处植之，取其四时不断，皆入图画。又如桃、李，不可植于庭除，似宜远望；红梅、绛桃，俱借以点缀林中，不宜多植。梅生山中，有苔藓者，移置药栏，最古。杏花差不耐久，开时多值风雨，仅可作片时玩。蜡梅，冬月最不可少。"

2. 植物景观体现诗情画意，具有丰富的意境美

植物配置应与诗情画意结合，具有文化气息，因此中国古典园林中很多景观因诗而得名，按诗取材。苏州拙政园"留听阁"，周围种植垂柳、香樟、桂花、榉树、紫薇等植物，水中种植荷花，"留听"二字语出唐代李商隐《宿骆氏亭寄怀崔雍崔衮》："秋阴不散霜飞晚，留得枯荷听雨声。"游人借枯荷听天籁，将身心融入天地自然之中，从而感受到秋色无边，天地无垠，植物、题名、诗词三者相映生辉。拙政园小沧浪水院东廊转角处的"松风水阁"，小亭四方，侧身斜向西北，临水倚廊端坐。亭四角飞檐轻扬，似"公"字的眉须。左右有古木垂荫，一为榔榆，一为黑松，所以亭以松为名，取自《南史·陶弘景传》："特爱松风，庭院皆植松。每闻其响，欣然为乐。"

3. 以植物景观来反映造主的思想、情操和精神生活

以物比德，借物寄情，自古以来就是中国人精神生活的一种表达方式。植物的拟人化是中国人对自然的有情观的重要体现。每种植物都具有不同的寓意，许多植物受到古诗的赞咏、古画的描绘，其传统性和大众性在不经意间深深地影响着园林植物的配置。陶渊明"采菊东篱下，悠然见南山"之爱菊，周敦颐"出淤泥而不染"之爱莲，林和靖"疏影横斜水清浅，暗香浮动月黄昏"之爱梅，这种寓情于物的手法在我国根深叶茂、源远流长，为植物配置提供了一个依据，也为游人提供了一个想象的空间。

4. 以植物景观来丰富环境空间，协调与其他造园要素的关系

植物同园林中的其他要素紧密结合配置，山石、水体、园路和建筑物都以植物衬托，甚至以植物命名，如万松岭、樱桃沟、桃花溪、海棠坞、梅影坡、芙蓉石等，加强了景点的植物气氛。建筑物是固定不变的，而植物是随季节、年代变化的，以植物命名的建筑物如藕香榭、玉香堂、万菊亭、十八曼陀罗馆等，加强了园林景物中静与动的对比，赋予了建筑无限的生机。

5. 受生活习俗的影响形成植物配置一定的程式

"一方水土养一方人"，不同地区、不同民族，由于生活习俗不同，对植物的褒贬不一。在日常生活中，人们常将植物拟人化，赋予植物特定的别名，以表达某种意义。例如，"梅花清标韵高，竹子节格刚直，兰花幽谷品逸，菊花操介清逸"，喻为"四君子"；松、竹、梅配置称为"岁寒三友"，象征着坚贞、气节和理想，代表着高尚的品质；玉兰、海棠、牡丹、桂花齐栽，象征"玉堂富贵"；

玉兰、海棠、迎春、牡丹、桂花齐栽，象征"玉堂春富贵"。另外，人们从生活情趣出发，根据植物的特性形成了一定的造景程式，如栽梅绕屋、堤弯宜柳、槐荫当庭、移竹当窗、悬葛垂萝等。江南园林更有"无竹不美"之说。

1.2.2 中国传统文化对植物配置的影响

中国古典园林植物配置深受历代山水诗、山水画、哲学思想乃至生活习俗的影响，大多采用比、兴的手法，逐渐形成了一定的程式。在植物选择上，十分重视"品格"；在植物形式上，注重色、香、韵。配置植物不仅是为了造景，还力求能入画，要具画意。意境上求"深远""含蓄""内秀"，情景交融，寓情于景，喜欢"诗中有画，画中有诗"的精巧玲珑的景点布置，偏爱"曲径通幽"的环境和"别有洞天"的感觉。

1. 古代哲学思想的影响

中国古代强调"天人合一"，认为人类是自然的一部分，因此追求返璞归真，向往自然。老庄哲学开其端，魏晋名士玄谈避世，模仿自然山水营建园林成为一时风尚，形成了中国古代山水诗画与文人写意山水园林。这类园林极力模仿自然，主张"虽由人作，宛自天开"，贯穿了天人合一、顺从自然的哲学观，其立意多为清高隐逸、超世脱俗，反映了守土重农的意识，其中"三境界"（生境、画境、意境）观对植物造景的影响最大。这一点反映在植物造景中，则是要求仿照自然状态错落有致地组合成人工群落，与山石、水体等一同形成神似自然状态的环境，并要求园林建筑与环境相协调。苏州耦园的"山水间"建筑，取欧阳修《醉翁亭记》中的"醉翁之意不在酒，在乎山水之间也"之意，反映了古代住宅和总体布局中建筑与自然环境的融合关系。

2. 诗、书、画的影响

中国山水画讲究意境的表达，构图以移动视点和想象为主。中国古典园林植物配置讲究入画。在明代造园家计成的园林专著《园冶》中，这种刻意追求"画意"的做法曾被多次提及。计成在自序中曾说："合乔木参差山腰，蟠根嵌石，宛若画意。"由此可以看出，造园一开始就是按照诗和画的创作原则行事并刻意追求诗情画意的艺术境界。明代叠山名匠张南阳绘画技艺出众，以绘画技法堆叠假山，使园林中的真山实水有了画意。中国古典园林是循着绘画的脉络发展起来的，绘画理论对于造园起到了很大的指导作用；同时，园林又成为画家们的绘画题材。园林和绘画就是这样互相影响、互相渗透、共同发展的。

在古典园林中，书法艺术作为其不可或缺的要素，直接反映于园林景观环境艺术中图案、线条、艺术品的构成。书法借助于汉字的造型，自身就具有很强的装饰效果，作为文化与历史的显性载体渗透于园林造景的各个领域与环节，主要表现在题咏、题景、匾额、楹联、斗方、条屏、碑刻等具体形式中。

一方面，园林能够成为人们表达诗、书、画意境的载体；另一方面，人们又能通过置身园林而获得新的创作灵感。一句"落霞与孤鹜齐飞，秋水共长天一色"，不仅写出了无限秋色，更写出了难以言尽的情感，令人回味无穷。因此，自古以来，美景与文学就有着密切的关系，既有因文成景的，也有因景成文的。很多著名的景点就是根据植物配置进行命名，而又因其富于诗意的题名或楹联而闻名于世。苏州拙政园的"听雨轩"，轩前一泓清水，栽植有荷花，池边有芭蕉、翠竹，与轩后种植的一丛芭蕉前后相映。轩名取自五代时南唐诗人李中的诗句："听雨入秋竹，留僧覆旧棋。"宋代诗人杨万里诗曰："蕉叶半黄荷叶碧，两家秋雨一家声。"现代苏州园艺家周瘦鹃诗曰："芭蕉叶上潇潇雨，梦里犹闻碎玉声。"在这里，芭蕉、翠竹、荷叶都有，无论春夏秋冬，只要是雨夜，雨落在不同的植物上，加上听雨人的心态各异，自能听到各具情趣的雨声，境界绝妙，别有韵味。

3. 风水文化的影响

风水又称堪舆、相地术、阴阳术，是中国具有悠久历史的一种独特文化现象。其主要内容是如何确立民居、村落和坟墓的位置、布局、朝向，以求为自己和后代获得好运的理论和方法。先秦时期《周易》的出现使风水学说体系初步形成，并紧密地将生活与天文地理结合起来。唐宋是风水学说的鼎盛期，而明清则是风水学说的普及期。在风水学说发展的过程中，形成了五大元素，即龙、穴、砂、水、向，并形成了风水学的三大原则，即天人合一原则、阴阳平衡原则、五行相生相克原则。

风水理念的产生，是人们追逐理想环境的一种表现。中国古典园林的植物配置中包含了很多风水理念，如大门前不可种大树和密林，以免阳光无法正常照射，但可在房屋两旁种植树木。在住宅设计中认为左有流水，当作青龙，右有长道，当作白虎，前有污池，当作朱雀，后有丘陵，当作玄武，并且把符合这种要求的地方称为风水吉地。例如，苏州园林的耦园，东为流水，南有河道，北有藏书楼，楼后又为水，西有大路；拙政园背面靠山，东环路，前面门前特地做了"曲水有情"的水池。这些都是风水学天人合一原则在传统园林设计中的体现。风水宝地的生态条件可以概括为良好的日照，良好的地形和植被，在夏天引导凉风，在冬季阻挡寒流，良好的排水、排污设施，方便的用水和交通，保持水土并调节小气候。这里风水说所强调的花草树木的配置方式以及种类的选择在很多方面与现代生态学的观点不谋而合，所以发挥植物的生态效益，强调植物的心理效应，在传统风水学向现代环境学的转变、过渡中显得尤为重要。

1.3 西方古典园林植物配置

与中国古典园林天人合一的自然写意风格不同，西方古典园林以完整和鲜明

为特征，体现西方严谨的理性思维，完全按照几何结构和关系进行园林构造。由于西方古典园林的哲学基础是西方的人文主义思想，因而园林的美学观念建立在唯物、唯理性的基础上，人为地对审美制定了严格的艺术标准。西方的植物造景有两种方式：一种是规则式的园林植物景观，整个园林以建筑物作为基准，形成园林的主轴，园林中轴线两侧对称地布置道路，形成规则的几何网络，植坛、喷泉、雕像均布置在中轴线上，如意大利台地园和法国勒·诺特尔式园林都有大量的规整式植物造型；另一种则是以自然式的植物景观来构造园林，模拟自然的森林、草原等景观和农村的田园风光，结合园林的地形、水体以及道路等来组织园林的植物景观，如 18 世纪出现的英国风景式园林。

1.3.1　意大利台地园

意大利位于欧洲南部的亚平宁半岛，其山地和丘陵占国土面积的 80%，又三面为坡，只有沿海一线是狭窄的平原，半岛和岛屿属亚热带地中海气候，平原和谷地夏季闷热，而在山丘上，白天有凉爽的海风，晚上还有来自山林的冷气流。温和的气候，加上政治上的安定和经济上的繁荣，吸引了大量的贵族、大主教、商业资本家在此修建华丽的住宅，在郊外经营别墅作为休闲的场所，意大利造园由此出现了适应山地、丘陵地形的独特的台地布局方式。

1. 空间的平面布局

意大利台地园一般将建筑放于顶层台地，建筑前后是花园，花园外是茂密的树林，从而形成"建筑—花园—林园"的平面布局结构，开创了欧洲建筑由室内向室外延伸的先河，完成了由人工向自然的和谐过渡。轴线作为台地园中的几何构图线，以建筑为中心，贯穿整个花园，形成纵横交织的平面骨架，在轴线的节点处设置喷泉、水池、雕塑等形成视觉对景。

2. 水景

由于意大利台地园布局较为紧凑，高差也大，因此台地园的水景主要是因势利导地引入山泉水，利用地形高差布置各种跌水、喷泉，形成气氛活跃的动水景观。在水景的处理上，不仅注重水的光影与音响效果，还以"水"为主题，形成多姿多彩的水景。

3. 植物景观

意大利台地园一般将树木修剪成圆锥形、方形、圆柱形、葫芦形等形状的"绿色雕刻"，将树木修剪成廊道、拱门的"绿色建筑"，将树木修剪成有着天幕、侧幕和观众席的"绿色剧场"，以及将灌木修剪成花纹、图案的绿丛植坛或迷园，等等。这种图案式的构图从建筑上俯瞰有着非常好的观赏效果，一般设置在建筑前的平台和底层台地上。由于意大利的夏季炎热干燥，所以在植物的配置上常选用深浅不同的绿色植物造景，色彩较为淡雅均一。

4. 建筑小品

石作包括平台、台阶、栏杆、挡土墙、雕塑等，这些要素都是建筑向花园的延伸。由于台地园建于山上，要分层塑造台地，为削弱或避免各级台阶之间的突兀和不协调，挡土墙、栏杆、台阶就成了不可缺少的要素。在文艺复兴后期，尤其注重对台阶、栏杆等视觉焦点的精细处理，使之成为园林中变化丰富的构图要素。

1.3.2 法国平面图案式园林

法国是欧洲西部面积最大的国家，大部分领土都处于平原和丘陵上，美丽的塞纳河从心脏地带流过，滋润了巴黎盆地广阔的土地。西部属温带海洋性气候，南部属地中海气候，东北部属温带大陆性气候，大部分地区气候温和，环境优美。地理环境、气候和历史等原因造就了在欧洲极具影响力的法国平面图案式园林。

1. 空间的平面布局

法国大部分地区是辽阔的平原，因此在构造整个庭院时更多的是强调空间的广阔无垠，形成了象征君权的勒·诺特尔式园林。勒·诺特尔式园林具有简洁而富有变化的空间结构、严格的几何空间形式和关系，在历史上深深地影响了欧洲各个国家的园林风格。轴线是勒·诺特尔式园林的灵魂，是展现"伟大风格"的最佳手段，所有的造园要素都是根据轴线来布置的，如图 1-1 所示。

图 1-1 法国规则式广场园林植物景观

2. 水景

运河是勒·诺特尔式园林中最壮观的部分，它突出并延长了轴线，扩大了空间。运河是中轴视线的延续,往往也是空间转换的界面和道路迂回转折的地方,同时也是开展水上游乐活动的场所。运河常常位于轴线的远端,长长的、笔直的河岸线伸向远方,水面反映着天光,使透视线消失在水天交界处,产生无限深远的感觉。除了运河,勒·诺特尔式园林中还运用了大量的其他水景,如喷泉、池或湖、跌水或瀑布等。

3. 植物景观

在勒·诺特尔式园林中,花坛是园林的装饰性要素,一般布置在宫殿前的平台上,从宫殿的楼上俯瞰,有很好的观赏效果。花坛中最奢华的当数刺绣花坛。许多刺绣花坛由常绿的黄杨构成,虽然图案旋转波动,带有巴洛克趣味,但色彩凝重,外轮廓规整,实际效果并不像版画中那样让人觉得过于烦琐,相反,它统一在全园的整个构图之中,显得庄重大方,如图1-2所示。

图1-2　法国枫丹白露宫植雕景观

4. 建筑小品

在主轴线的空间节点上一般布置有喷水池,起到标志空间序列的作用。林荫路的交叉点也布置有小的喷水池作为装饰和引导。勒·诺特尔式园林中,白色大理石的雕像和瓶饰是一种装饰性要素,是用来点缀庭园并烘托园林气氛的。在尺度广阔的园林中,雕塑的题材和造型并不显眼,反而是它出现的位置更为重要。这种点状排列的竖向要素产生的序列感,可以起到增强空间感的作用。

1.3.3　英国园林

英国早期园林艺术也受到了法国古典主义造园艺术的影响，但由于唯理主义哲学和古典主义文化在英国的扎根较浅，英国人更崇尚以培根为代表的经验主义，因此在造园上，他们怀疑先验的几何比例的决定性作用。18 世纪的英国自然风景园林是在其固有的自然地理、气候条件和当时的政治经济背景下，在各种文学艺术思潮影响下产生的一种园林形式，它对以后欧洲园林的发展产生了巨大而深远的影响。这种园林形式颠覆了欧洲传统的园林风景构图和园林文化，它以大自然为模仿的素材，用绘画的原理进行构图，但又不单纯地以绘画作为造园的蓝本，而是再现自然风景的和谐和优美。过去的几何式园林格局没有了，再也不采用笔直的林荫道、绿色雕刻、图案式植坛、平台和修筑得整整齐齐的池子了，花园就是一片天然牧场的样子，以草地为主，生长着自然形态的老树，有曲折的小河和池塘。这一时期，受中国造园艺术的影响，英国造园家不满足于过于平淡的自然风致园，追求更多更深的层次、更浓郁的诗情画意，自然风致园发展成为图画式园林，具有了更浪漫的气质，如造园家威廉·钱伯斯多年经营的邱园成为这一时期很有代表性的作品之一。英国风景园林的产生不仅意味着一种新的园林造景形式的出现，同时也喻示着旧的历史时代的终结。它如同西方历史上的工业革命一样，对西方乃至全世界园林文化发展产生了广泛而深远的影响，并且奠定了近现代园林造景的发展方向。

1.4　现代园林植物造景的发展趋势

现代园林发端于 1925 年的巴黎国际现代工艺美术展。20 世纪 30 年代末，由罗斯、凯利、爱克勃等人发起的"哈佛革命"，则给了现代园林一次强有力的推动，并使之朝着适应时代精神的方向发展。第二次世界大战后，一批现代景观设计大师大量的理论探索与实践活动，使现代园林的内涵与外延都得到了极大的深化与扩展，并日趋多元化。现代园林的发展在经历了以观赏性发展为重的不厌其烦的装饰到纯粹的功能主义后，开始呈现出更为冷静的生态化景观趋势。

1.4.1　国际现代园林植物造景的发展趋势

1. 以自然为主体

现代园林设计所追求的是减少甚至是没有人类参与而由自然形成的真正的自然场所，即所谓"虽由人作，宛自天开"。随着自然生态系统的严重退化和人类生存环境的日益恶化，人类对人与自然关系的认识发生了根本性的变化。人类从过去作为自然界的主宰转变为现在成为自然界的一员，与此相适应的是园林造景

师过去将自然看作是原材料，现在则倾向于将自然作为设计的主体。

2．以生态为核心

生态学的重要意义在于使人们普遍认识到将各种生物联系起来的各种依存方式的重要性。就园林造景设计而言，所有的景观元素都是相互关联的。如果园林造景师在设计中随意去掉一些景观元素或破坏了各景观元素之间的联系方式，那么就极有可能在许多层面上影响到原先错综复杂、彼此连接的景观格局。对于非自然环境而言，造成的后果还不是很严重，只不过是原有景观类型的消失而已。然而，对于那些以生物为核心的自然环境来说，这样的园林造景设计方案本身难以获得成功，并且还会造成自然环境的严重破坏。如果强行实施，不是遭到原有景物的排斥，就是付出高昂的代价。

3．以地域为特征

地域性景观是指一个地区自然景观与历史文脉的总和，包括由气候特点、地形地貌、水文地质、动植物资源等构成的自然景观资源条件和人类作用于自然所形成的人文景观遗产等。园林造景设计的目的就是要再现本地区的地域景观特征，包括自然景观和人文景观。

4．以空间为骨架

园林景观是由实体和空间两部分组成的，空间是园林造景设计的核心。所有景物都属于某个彼此紧密相连的空间体系，并以此把景观空间与实体区分开来。空间的特性来自该空间与其他空间的相互关系。在一个空间内部，如果继续以该空间的边界为参照的话，还应存在着一些亚空间与其亚边界之间的联系。因此，园林造景设计不能轻易地破坏各种景观边界在空间中存在的形态。

5．以简约为手法

简约是风景园林设计的基本原则之一。简约手法至少包括三个方面的内容：一是设计方法的简约，要求对场地进行认真研究，以最小的改变取得最大的成效；二是表现手法的简约，要求简明和概括，以最少的景物表现最主要的景观特征；三是设计目标的简约，要求充分了解并顺应场地的文脉、肌理、特性，尽量减少对原有景观的人为干扰。

1.4.2 我国现代园林植物造景的发展趋势

中国丰富的自然景观资源和卓越的园林文化遗产是现代园林造景师的宝贵财富。其中蕴含的自然文化理念和再现地域景观的手法，值得我们认真研究、借鉴，并融于实践。实际上，现代国际园林设计大师都从前人的理论与实践中吸取了大量的设计理念与灵感。就中国传统园林而言，有许多极富现代意义的理念和手法值得现代园林造景师去继承和发扬。

1. 自然化

自然是园林设计取之不尽、用之不竭的源泉。中国传统园林所追求的天人合一的理想境界，在于寻求人与自然的和谐共存。自然文化是中国园林的核心与精华所在。所谓"虽由人作，宛自天开"，就是强调按照自然的客观规律来造园，要以自然景物为主体，更要强调人对自然的深刻认识和艺术再现。这与国际现代园林设计的发展趋势十分接近，体现出人类认知渐趋一致。

2. 人性化

植物造景围绕着人的需求进行建设、变化。不断趋于文明和理性的社会愈加关注人的需求和健康，植物造景要适合人们的需求，也必须不断地向更为人性化的方向发展。因此，植物造景所创造的环境氛围要充满生活气息，做到景为人用，便于人们休闲、运动和交流。可以说，植物造景和人类需求的完美结合是植物造景的最高境界。

3. 生态化

植物造景必须遵循其生态性。由于每一种植物具有一定的生态学习性和生物学特性，因此，在进行植物造景时要力求适地适树，只有这样才能使植物生长良好，表现出应有的魅力和色彩。所以，必须了解所栽花木的原产地与引进地的立地条件、耐寒抗旱性能、生长情况和发展趋势。如果所设计的栽培植物群落不符合自然植物群落的发展规律，就难以成长发育达到预期的艺术效果。所以，顺应自然，掌握自然植物群落的形成和发育规律及其种类、结构、层次和外貌等，是搞好植物造景的基础。在适地适树的基础上，要选择易成活、耐修剪、寿命长、色彩丰富、形态优美、病虫害少、移栽容易、便于管理的植物种类，如乔木类的雪松、龙柏、水杉、银杏、广玉兰、白玉兰、紫玉兰、悬铃木、鸡爪槭、栎、苦楝、栾树等。配置中要乡土树种与外来树种相结合，增加美化效果，提高景观功能的多样性。植物造景在遵循其生态性原则的基础上，要力争配置出多层次、多结构、多功能的植物群落，达到生态美、色彩美、艺术美的统一，为人们创造清洁、优美、文明、现代的景观环境。

4. 艺术化

（1）突出地域特色。

园林造景设计的目的之一是充分利用地域的自然景观和人文景观资源，再现地域的自然景观类型和地域文化特色。与西方传统园林一样，中国传统园林也是再现本土自然景观典型特征的范例。对地域性景观进行深入研究，因地制宜地营造适宜大环境的景观类型，是现代园林设计的前提，也是体现其景观特色的所在。其关键在于继承和发展因地制宜的思想，而不是拘泥于山水园林的形式本身。

（2）强调整体效果。

中国传统园林以自然山水为依托，通过借景、隐喻等手法将园林景物与周边景观相联系，起到扩大空间效果的作用，并使各个空间之间相互渗透、彼此呼应，形成整体。现代园林设计也要求将场地的视域空间作为设计范围，把地平线作为空间的参照，强调园林设计与地域性景观的融合，这与传统园林追求无限外延的空间整体不谋而合。

（3）突破空间束缚。

中国传统园林在相对局促的空间中，借助对比、突出三维空间、加强空间的深远效果、采用环形游线形成散点视点视线、避免一览无余的逼迫式景点布置，以及借助山体和屋顶起翘将人的视线引向天空等手法，达到扩大空间感的目的，获得震撼人心的效果。这对现代园林设计寻求的在有限的空间中表现出广袤的地域性景观特征的手法不无启示。

（4）追求意境美。

中国传统园林特别善于利用植物的形态和季相变化，表达人一定的思想感情或形容某一意境。例如，"岁寒，然后知松柏之后凋也"，表示坚贞不渝；"留得枯荷听雨声""夜雨芭蕉"，表示宁静的气氛；海棠，为棠棣之华，象征兄弟和睦；桑和梓表示家乡；依依翠柳，表示惜别及报春之意；枇杷则"树繁碧玉叶，柯叠黄金丸"；石榴花则"浓绿万枝红一点，动人春色不须多"；桃花在民间象征幸福、交好运。此外，还有芍药的尊贵、牡丹的富华、兰草的典雅等。我们只有将这一切文化背景加以利用，融入现代园林艺术美之中，才能使植物景观产生意境美，才能达到和谐统一、情趣盎然，才能充分体现我国传统园林独具特色的精华所在。

总之，深入了解国际一体化的园林设计理念，借鉴中国传统园林设计手法，营造具有深刻内涵和本土特色的园林作品，是中国现代园林正确的发展方向。

第2章　园林植物的观赏特性及造景的美学原则

　　园林植物种类繁多，各具自身的观赏特性。要圆满地完成园林植物配置与造景，必须熟练掌握各类植物的观赏特性、园林应用等相关知识，合理选择园林植物，运用艺术构图的原理，体现植物个体及群体的形式美，表现出植物的季相及生命周期的变化，使之成为一幅动态的构图，供人们观赏。

2.1　园林植物的观赏特性

　　园林植物姿态各异，每种植物都以各自的花、果、叶、干等显示其独特的姿态、色彩、气味，从而体现美感。随着季节及植物年龄的变化，又会出现不断变化的景致。春季，梢头嫩绿，花团锦簇；夏季，枝叶繁茂，浓荫覆地；秋季，果实累累，色香俱全；冬季，白雪挂枝，银干琼枝。春夏秋冬，各有风采与妙趣，这是植物随季节变化所体现的四季景观，即季相美。树木在不同的年龄阶段会呈现出不同的姿态。幼年之松，团簇似球；壮年之松，亭亭似华盖；老年之松，枝干盘虬有龙飞凤舞之态。这是树木随年龄的增长所表现出的年龄景观，即时空美。另外，植物花果的芳香给人以嗅觉的享受；雨打芭蕉的淅沥之声，风吹松林，松枝互相碰击发出的如波涛的声音给人以听觉的享受；果实的甜美可口给人以味觉的享受；枝干叶片的细腻、粗糙给人以触觉的感受。这些都是植物给人的感觉器官提供的奇妙享受。

2.1.1　观形类

　　1. 按树木分枝方式分类

　　单轴式分枝：主干明显而粗壮，侧枝从属于主干。如果主干生长大于侧枝生长，则形成柱形、塔形的树冠，如钻天杨、新疆杨、箭杆杨、刺柏、地中海柏木、柱状欧洲红豆杉等；如果侧枝生长与主干生长接近，则形成圆锥形的树冠，如冷杉、雪松、云杉等。

　　假二叉分枝：主干不明显，侧枝优势强，形成网状的分枝形式。如果向上生长稍强于横向生长，则形成椭圆形或圆形的树冠，如紫丁香、馒头柳、千头椿

等；如果横向生长强于向上生长，则形成扁圆形的树冠，如青皮槭、板栗等。

合轴式分枝：最高位的侧芽代替顶芽作延续的向上生长，主干仍较明显，但多弯曲。由于代替主干的侧枝开张角度的不同，较直立的就接近于单轴式的树冠，较开展的就接近于假二叉的树冠，因此合轴式的树种树冠形状变化较大，多数呈伞形或不规则树形，如悬铃木、柿树、柳树等。

对于枝叶稀疏的园林树木，分枝形态是重要的景观。落叶树种在冬季或落叶期是主要的景观。园林树木的分枝角度以直立或斜出者居多，但有些树种分枝平展，如曲枝柏、雪松等。有的枝条柔软、纤长、下垂，如垂柳、龙爪槐；有的枝条几乎贴地平展生长，如铺地柏。

2. 按树形特点分类

植物树形是指植物整体形态的外部轮廓，主要由遗传因素决定，但也受外界环境的影响。不同姿态的树种给人以不同的感觉：高耸入云或波涛起伏，平和悠然或苍虬飞舞。其与不同地形、建筑、溪石相配植，则景色万千。不同类型树木的树形特点如图2-1所示。根据整体树形的不同，园林树木通常可以分为以下类型：

（1）圆柱形：杜松、意大利柏、钻天杨、箭杆杨等。

（2）尖塔形：雪松、云杉、冷杉、油松、圆柏及其他各类针叶树青壮年时期的姿态。

（3）卵圆形：悬铃木、加杨、七叶树、梧桐、香樟、广玉兰、鹅掌楸、白蜡、椴树、乌桕等。

（4）倒卵形：刺槐、榉树、旱柳、小叶朴、桑树、楸树、千头柏等。

（5）圆球形：馒头柳、元宝槭、栾树、胡桃、黄连木、柿树、千头椿等。

（6）垂枝形：垂柳、垂榆、垂枝桦、垂枝桃、垂枝樱、垂枝桑等。

（7）曲枝形：龙爪柳、龙桑、龙爪枣、龙游梅、龙爪槐等。

（8）丛枝形：玫瑰、黄刺玫、锦带花、夹竹桃、南天竹、小檗、棣棠、紫穗槐等。

（9）拱枝形：迎春、连翘、野迎春、假连翘、枸杞、夜香树、水枸子、火棘等。

（10）伞形：鸡爪槭、合欢、凤凰木、油松（老年）等。

（11）棕榈形：椰子、刺葵、棕榈、苏铁等。

（12）匍匐形：铺地柏、沙地柏、爬地龙柏、平枝枸子等。

（13）偃卧形：丹东桧、偃柏等。

（14）悬崖形：岩松等。

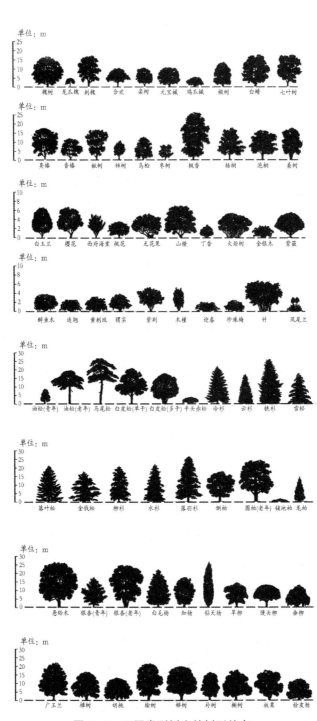

图 2-1　不同类型树木的树形特点

（引自：张吉祥. 园林植物种植设计 ［M］. 北京：中国建筑工业出版社，2001）

2.1.2　观花类

花是园林植物最为重要的观赏特性，花的颜色是决定花观赏价值的重要因素之一。花色给人的美感最直接、最强烈。花随季节变化体现出四季景观，暖温带和亚热带的植物多集中于春季开花，因此，夏、秋、冬季及四季开花的植物就极为珍贵，如栾树、木槿、紫薇、广玉兰、蜡梅等。有的植物的花色也不是一成不变的，会随着时间、气温、土壤酸碱度等因素的变化而发生改变，形成变色花卉。例如，金银花刚开始花色为象牙白色，两三天后变为金黄色；八仙花生长在酸性土壤中花色为蓝色，生长在碱性土壤中花色为粉红色。园林植物通常可按花期、花色和花香分类。

1. 按花期分类

（1）春季开花：玉兰、樱花、野迎春等。

（2）夏季开花：合欢、栀子、紫薇等。

（3）秋季开花：桂花、木槿、木芙蓉等。

（4）冬季开花：蜡梅、红梅、一品红等。

（5）四季开花：四季桂、四季海棠、月季花等。

不同的花期体现了植物随季节变化的四季景观，即季相美。

2. 按花色分类

（1）红色系：红花碧桃、垂丝海棠、红山茶等。

（2）黄色系：野迎春、迎春、蜡梅等。

（3）白色系：白玉兰、木香、含笑花等。

（4）紫色系：紫荆、紫藤、蓝花楹等。

（5）绿色系：绿牡丹、显绿杜鹃等。

（6）杂色系：杜鹃、山茶、月季花等。

不同的花色组成绚丽的图案或色块，在植物配置中尤为重要。

3. 按花香分类

目前无一致的标准，按香味的浓烈程度可分为以下几类：

（1）清香型：茉莉花、九里香、月见草、荷花等。

（2）淡香型：玉兰、梅花、素方花、香雪球、铃兰等。

（3）甜香型：桂花、米兰、含笑花、百合等。

（4）浓香型：白兰花、玫瑰、依兰、玉簪、晚香玉等。

（5）幽香型：米仔兰、蕙兰等。

花香给人以嗅觉的享受，有色有香更是景观设计中的上品。

常见园林植物的花色和花期见表2-1。

表 2-1　常见园林植物的花色和花期

花色	花期			
	春 季	夏 季	秋 季	冬 季
白 色	白玉兰、广玉兰、白鹃梅、笑靥花、珍珠绣线菊、梨、山桃、山杏、白花山碧桃、白丁香、山茶（白花品种）、含笑花、白花杜鹃、流苏树、络石、石楠、文冠果、火棘、厚朴、油桐、鸡麻、欧李、麦李、接骨木、山樱桃、毛樱桃、水榆、稠李、白花紫荆等	广玉兰、白兰花、银薇、白玫瑰、茉莉花、七叶树、水榆花楸、绣球、天目琼花、木槿（白花品种）、太平花、栀子、刺槐、槐树、珍珠梅、白花紫藤、木香、糯米条、日本厚朴等	木槿（白花品种）、油茶、银薇、糯米条、鹅掌柴、胡颓子、九里香等	梅（白花品种）、一品白、山茶（白花品种）、鹅掌柴、枇杷等
红 色	榆叶梅、山桃、山杏、红花碧桃、海棠、日本木瓜、贴梗海棠、红山茶、红花杜鹃、刺桐、木棉、红千层、绯牡丹、芍药、瑞香、三角梅（红花品种）、锦带花、郁李等	石榴、楸树、合欢、蔷薇、红玫瑰、紫薇（红花品种）、凌霄、凤凰木、红花楼斗菜、枸杞、悬铃花、美人蕉、一串红、扶桑、千日红（红花品种）、红王子锦带花、鸡冠刺桐、三角梅（红花品种）、红花檵木、金山绣线菊、金焰绣线菊、崖豆藤属等	扶桑、紫薇（红花品种）、木芙蓉、大丽花、千日红（红花品种）、红王子锦带花、悬铃花、香花槐、金山绣线菊、金焰绣线菊等	一品红、茶梅、红梅、蟹爪兰、红花羊蹄甲等
黄 色	迎春、连翘、蜡梅、金钟花、黄刺玫、棣棠、相思树、黄素馨、黄兰、芒果、结香、金盏菊、花菱草等	锦鸡儿、云实、鹅掌楸、黄花槐、双荚决明、黄花楼斗菜、软枝黄蝉、鸡蛋花、腊肠树、黄花夹竹桃、银桦、黄蔷薇、栾树、相思树、卫矛、金丝桃、金丝梅、万寿菊等	金桂、栾树、菊花、金合欢、黄花夹竹桃、黄花槐等	蜡梅、黄花羊蹄甲等
紫 色	紫丁香、紫玉兰、宫粉羊蹄甲、蓝花楹、黄山紫荆、紫花杜鹃、三角梅（紫花品种）、山茶（紫花品种）、紫藤、泡桐、瑞香、楝树、风信子（紫花品种）、鸢尾、矢车菊等	木槿（紫花品种）、紫薇（紫花品种）、油麻藤、千日红（紫花品种）、紫花藿香蓟、牵牛花、鸢尾、蓝花楹、矢车菊、飞燕草、紫菀、风铃草、乌头、紫花楼斗菜、八仙花、婆婆纳、假连翘等	木槿（紫花品种）、紫薇（紫花品种）、紫花羊蹄甲、三角梅（紫花品种）、千日红（紫花品种）、紫花藿香蓟、翠菊、紫菀、风铃草、假连翘等	

续表

花　色	花　期			
	春　季	夏　季	秋　季	冬　季
绿　色	牡丹（绿花品种）、郁金香（绿花品种）、绿花杓兰等	月季花（绿花品种）、唐菖蒲（绿花品种）、康乃馨（绿花品种）、茉莉花（绿花品种）、八仙花（绿花品种）、洋桔梗（绿花品种）、花烛（绿花品种）等	月季花（绿花品种）、菊花（绿花品种）、康乃馨（绿花品种）、茉莉花（绿花品种）、洋桔梗（绿花品种）等	
杂　色	三色堇、山茶（复色品种）、郁金香（复色品种）等	五色梅、杜鹃（复色品种）、月季花（复色品种）等	五色梅、月季花（复色品种）等	山茶（复色品种）等

2.1.3　观叶类

　　一株色彩艳丽的花木固然理想，但花开有时，花落有期，这是自然规律。有些花木，花时茂盛，花后萧条；或辛苦一年，赏花几天。而一些观叶类植物，一年四季皆有可观。"看叶似看花""看叶胜看花"，确有其独到之处，有些叶色还能弥补夏、冬景观的不足。园林植物叶片的观赏价值主要表现在叶的形状及色彩方面。

　　1. 叶形

　　园林植物的叶形变化万千，各有不同，尤其一些具有奇异形状的叶片，更具观赏价值，如鹅掌楸的马褂服形叶，鱼尾葵的鱼鳍形叶，羊蹄甲的羊蹄形叶，银杏的折扇形叶，黄栌的圆扇形叶，元宝槭的五角形叶等。棕榈、椰子、龟背竹、散尾葵、旅人蕉等叶片带来热带情调，合欢、凤凰木、蓝花楹纤细似羽毛的叶片均能产生轻盈秀丽的效果。

　　2. 叶色

　　园林植物个体本身的颜色即构成一景，表现出色彩美。正是由于植物个体色彩的丰富多变，才能创造出不同园林意境的空间组合的园林景观。大多数植物的叶片是绿色的，但植物叶片的绿色在色度上有深浅之分，在色调上也有明暗、偏色之异。例如，香樟、女贞、桂花的叶片为深绿色，水杉、落羽杉、玉兰的叶片为浅绿色。同一种绿色植物，其颜色也会随着季节的变化而改变。例如，石榴树刚发出的幼叶为浅红色，以后逐步变为浅黄色，夏季为深绿色，秋季变为黄色；红枫的叶片春季为红色，夏季转为绿色，冬季又变成红色。凡是植物叶色随着季节的变化出现明显的改变，并且有特别的观赏价值，或植物终年具备似花非叶的彩色叶，这些植物统称彩叶植物，主要种类见表2-2。

表 2-2 常见彩叶植物

分类	叶类	叶色	代表植物
季相色叶植物	秋色叶	红色或紫红色	黄栌、乌桕、黄连木、鸡爪槭、火炬树、漆树、卫矛、连香树、地锦、五叶地锦、小檗、樱花、盐肤木、野漆、南天竹、花楸、红槲栎、榉树、长柄双花木、重阳木、三角槭、柿树、山楂、落羽杉、水杉等
		金黄色或黄褐色	银杏、枫香、栾树、悬铃木、榆树、七叶树、白蜡、臭椿、鹅掌楸、加杨、柳树、梧桐、槐树、白桦、桤叶槭、紫荆、麻栎、栓皮栎、槲栎、胡桃、楸树、紫薇、榔榆、酸枣、猕猴桃、水榆花楸、黄山花楸、蜡梅、石榴、黄槐、金缕梅、无患子、金合欢、落叶松、金钱松等
	春色叶	红色或紫红色	臭椿、五角槭、红叶石楠、卫矛、黄连木、枫香、漆树、鸡爪槭、茶条槭、南蛇藤、红栎、乌桕、火炬树、花楸、南天竹、山楂、枫杨、日本小檗、地锦、连香树
		黄色或黄绿色	垂柳、朴树、石栎、樟树、金叶刺槐、金叶皂荚、金叶梓树
常色叶植物	彩缘	银边或金边	银边八仙花、斑叶球兰、常青藤、银边常春藤、金边女贞、金边黄杨、金边假连翘、花叶蔓长春花、银边吊兰、银边天竺葵、金边瑞香、金边虎尾兰、金边富贵竹
		红边	亮叶朱蕉、紫鹅绒、吊竹梅
	彩脉	银白	大银脉虾蟆草、银脉凤尾蕨、银脉爵床、白网纹草、喜阴花
		黄色	黄脉爵床、黑叶芋
		多色	彩纹秋海棠
	斑叶	点状	洒金蜘蛛抱蛋、变叶木、星点木、洒金千头柏、花叶青木
		线状	斑马凤梨、斑马鸭跖草、金纹蜘蛛抱蛋、虎皮兰、虎纹凤梨、金心吊兰、花叶美人蕉
		块状	黄金八角金盘、金心常春藤、锦叶白粉藤、虎耳秋海棠、变叶木、冷水花、金心胡颓子
		彩斑	三叶虎耳草、五彩苏、七彩朱蕉
	彩色	红色、紫红色	美国红栌、紫叶小檗、红叶景天、红枫、红花檵木、紫锦木
		紫色	紫叶小檗、紫叶李、紫叶桃花、紫叶矮樱、紫叶黄栌、紫叶榛、紫叶梓树
		黄色、金黄色	金叶女贞、金叶雪松、金叶鸡爪槭、金叶圆柏、金叶假连翘、千层金、金山绣线菊、金焰绣线菊、金叶接骨木、金叶皂荚、金叶刺槐、金叶六道木、金钱松、金叶风箱果
		银色	银边菊、银边翠、银叶百里香
		双面色	银白杨、胡颓子、栓皮栎、红背桂、广玉兰
		多种色	变叶木、五彩苏

2.1.4　观干类

园林树木的干皮有的光滑透亮，有的开裂粗糙。开裂的干皮有横纹裂、片状裂、纵条裂、长方裂等多种类型，也具有一定的观赏价值。干皮的色彩更具观赏性，尤其是秋冬的北方，万木萧条、色彩单调，那多彩的干皮装点冬景，更显可贵。在南方，白干的粉单竹、高大的黄金间碧竹、奇特的佛肚竹成丛地栽植一角，这白、黄、绿的色彩对比，挺拔高大与奇特佛肚的形态对比，使局部景观生动活泼。

1. 干的色彩

(1) 红色系：红瑞木、山桃、杏、血皮槭、红桦树、金钱槭、山白树等。

(2) 黄色系：金枝垂柳、金枝槐、金枝偃伏株木、金竹、小琴丝竹等。

(3) 绿色系：梧桐、青榨槭、棣棠、枳、迎春、竹类等。

(4) 白色系：白皮松（老年）、白桦、粉单竹、胡桃、柠檬桉等。

(5) 斑驳色系：悬铃木、木瓜、白皮松（幼龄）、榔榆、光皮梾木等。

2. 干的纹理

树皮的纹理形式多样，并且随着年龄的增长也会发生变化。多数植物树皮呈纵裂状，也有些植物树皮纹理比较特殊。

(1) 光滑：胡桃（幼龄）、胡桃楸、柠檬桉等。

(2) 横纹：山桃、桃、樱花等。

(3) 片裂：白皮松、悬铃木、木瓜、榔榆等。

(4) 丝裂：柏类（幼龄）。

(5) 长方形纹裂：柿树、君迁子等。

(6) 粗糙（树皮脱落）：云杉、硕桦等。

2.1.5　观果类

园林植物的果实也极富景观价值，表现在奇、巨、艳等方面。果实奇特的如榼藤、象耳豆、秤锤树、腊肠树、神秘果、铜钱树等，果实巨大的如木菠萝、柚、番木瓜、芒果等，果实鲜艳的如火棘、南天竹、观果石榴、小果冬青、紫珠、平枝栒子等。

2.1.6　观根类

园林植物中有些树种的根会发生变态，在南方尤其华南地区栽植应用这些特有的树种，可形成极具观赏价值的独特景观。

1. 板根

板根现象是热带雨林中乔木树种最突出的特征之一。雨林中的一些巨树，通常在树干基部延伸出一些翼状结构，形成板墙，即为板根。在西双版纳热带雨林中，以四数木为代表，高山榕、印度榕、红厚壳等树种都能形成板根。

2. 膝根（呼吸根）

部分生长在沼泽地带的植物为保证根的呼吸，一些根垂直向上生长，伸出土层，暴露在空气中，形成屈膝状凸起，即为膝根。广东沿海一带的红树及生长于水边湿地的水松、落羽杉、池杉等都能形成状似小石林的膝根。

3. 气根

南方湿热地区，榕树的粗大树干上会生出一条条临空悬挂下垂的气根。这些气根飘悬于空中，极具特色。气根向下生长，入地成支柱根，托着主干，主干又长出很多分杈，使树冠得以向四面不断扩大，逐步发展，呈现"独木成林"的奇特景观。

2.2 园林植物造景的美学原则

园林植物造景要遵循绘画和园林景观艺术的原则，即统一、调和、均衡、韵律与节奏及比例与尺度等美学原则。

2.2.1 统一的原则

统一的原则也称变化与统一或多样与统一的原则。在进行植物景观设计时，树形、色彩、线条、质地及比例既要有一定的差异和变化，显示多样性，又要保持一定的相似性，形成统一感。这样既生动活泼，又和谐统一。变化太多，整体就会显得杂乱无章，甚至一些局部就会支离破碎，失去美感。过于繁杂的色彩会让人心烦意乱，无所适从；但如果缺少变化，片面讲求统一，又会显得单调呆板。因此，要掌握在统一中求变化，在变化中求统一的原则，如图 2-2 所示。

运用重复的方法，最能体现植物景观的统一感。如在街道绿带的行道树绿带中等距离配植同种、同龄乔木，或在乔木下配植同种、同龄灌木，这种精确的重复最具统一感。一座城市在进行树种规划时，分基调树种、骨干树种和一般树种。基调树种种类少，但数量多，形成该城市的基调及特色，起到统一作用；一般树种种类多，每种数量少，五彩缤纷，起到变化的作用。四川各地盛产竹类，在竹园的景观设计中，众多的竹种均统一在相似的竹叶及竹竿的形状及线条中，但是丛生竹与散生竹有聚有散。高大的毛竹、慈竹或麻竹等与低矮的箬竹配植则高低错落，毛竹、人面竹、方竹、佛肚竹节间形态各异，粉单竹、紫竹、碧玉间黄金竹、金竹、黄槽竹、翠竹等色彩多变。这些竹种经巧妙配植，很能说明统一中求变化的原则，如图 2-3 所示。

在同种植物材料序列中，因缺少变化而没有重点，显得单调

变化太多会让人感觉混乱

谨慎使用多样性，在需要的地方突出重点

图 2-2　统一的原则

图 2-3　竹丛作为绿篱的变化统一

又如松柏园能保持冬天常绿的景观就是统一原则的体现。松属植物都有松针、球果。黑松针叶质地粗硬、浓绿，而华山松、乔松针叶质地细柔、淡绿；油松、黑松树皮褐色、粗糙，而华山松树皮灰绿、细腻；白皮松干皮白色、斑驳，富有变化，而长白松树皮棕红。柏科植物都具鳞叶、刺叶或钻叶，尖峭的刺柏、塔柏、北美圆柏，圆锥形的花柏、凤尾柏，球形、倒卵形的圆柏、千头柏，低矮而呈匍匐状的铺地柏、叉子圆柏、丹东桧均体现出不同种的姿态，如图 2—4 所示。

图 2—4　松柏园景观统一和谐

2.2.2　调和的原则

调和的原则即协调和对比的原则。在进行植物景观设计时要注意相互联系与配合，体现调和的原则，使其具有柔和、平静、舒适和愉悦的美感。只有找出植物的近似性和一致性，配植在一起才能产生协调感。相反，用差异和变化可产生对比的效果，具有强烈的刺激感，形成兴奋、热烈和奔放的感受。因此，在植物景观设计中常用对比的手法来突出主题或引人注目，从外形、质感、色彩等方面实现调和与对比，从而达到变化中有统一的效果。

1. 外形的调和与对比

利用外形相同或近似的植物可以达到组景外观上的调和。比如，球形、扁球形的植物最容易调和，形成统一的效果，如图 2—5 所示。又如，用白墙与粗犷的岩石作对比，墙内外植物与周围环境形成山水画般的奇特效果，外形协调优美，堪称一绝，如图 2—6 所示。

图2—5　女贞球柔化建筑的生硬感

图2—6　墙内外植物与周围环境的协调效果

2. 质感的调和与对比

　　植物的质感会随着观赏距离的增加而变得模糊，所以质感的调和与对比往往针对某一局部景观。细质感的植物由于清晰的轮廓、密实的枝叶、规整的形状，常用作景观背景。多数绿地都以草坪作为基底，质感细腻，引人注目，再根据实际情况选择粗质感的植物加以点缀，形成对比，突出粗质感的景观效果。此外，选择珍珠绣线菊、小叶黄杨或针叶林树种等作为基底，选用粗质感与其搭配，也会取得很好的效果，但要注意基底植物的种类不要太多，否则会显得杂乱无章，使景观的艺术效果下降，如图 2-7、图 2-8 所示。

图 2-7　草坪、黄杨球与棕榈的质感对比

图 2-8　细质感作为基底凸显红枫景观

3. 色彩的调和与对比

色彩中同一色系比较容易调和。红、黄、蓝三原色中任何一原色同其他两原

色混合成的间色组成互补色，从而产生一明一暗、一冷一热的对比色。它们并列时相互排斥，对比强烈，呈现跳跃、新鲜的效果。用得好，可以突出主题，烘托气氛。如红色与绿色为互补色，黄色与紫色为互补色，蓝色和橙色为互补色。

根据色彩原理和心理学家的研究，红色代表热烈、喜庆、奔放，为火和血的颜色。在红色环境中，人的脉搏会加快，血压会升高，情绪兴奋冲动，人们会感觉温暖。而黄色最为明亮，象征太阳的光线，使人感觉轻快、活泼。将黄色花木植于林中空地或林缘、水边，可使空间顿时明亮起来，而且在空间感中能起到小中见大的作用，如图2—9所示。凡是带红、黄、橙的色调都称为暖色调，偏暖的色调容易使人兴奋，也容易使人疲劳。在秋季，人很容易产生忧郁、疲乏的感觉，色彩温暖、搭配舒适的彩叶植物能使人兴奋快乐起来，如图2—10所示。凡是带青、蓝、蓝紫的色调都称为冷色调，偏冷的色调可使人沉静。绿与紫为中性色。紫色带给人庄重、高贵的感受。绿色是视觉中最为舒适的颜色，可以消除疲劳，让人轻松愉快。无色彩系的白色是冷色，为纯洁的象征，能使鲜艳的颜色柔和，作为背景或配景时能突出主景的作用。

图2—9　水边的倒影色彩协调、相映成趣

图 2-10 颜色搭配舒适的彩叶植物

2.2.3 均衡的原则

将体量、质地各异的植物种类按均衡的原则配植，景观就显得稳定、顺眼，如图 2-11、图 2-12 所示。如色彩浓重、体量庞大、数量繁多、质地粗厚、枝叶茂密的植物种类，给人以重的感觉；色彩素淡、体量小巧、数量简少、质地细柔、枝叶疏朗的植物种类，则给人以轻盈的感觉。根据周围环境，在配植时有规则式均衡（对称式）和自然式均衡（不对称式）。

图 2-11 不均衡搭配的效果

图 2-12 均衡搭配的效果

1. 对称均衡

对称布局是有明确的轴线，轴线左、右两侧完全对称。对称均衡布局常给人庄重、严整的感觉，在规则式园林绿地中采用较多，如规则式建筑、庄严的陵园、雄伟的皇家园林、纪念性园林、公共建筑的前庭绿化等。有时在某些园林局部也会运用，如门前配植对称的两株桂花，楼前配植等距离、左右对称的南洋杉、龙爪槐等，陵墓前、主路两侧配植对称的松或柏等。

对称均衡小至行道树、花坛、雕塑、水池的对称布置，大至整个园林绿地、建筑、道路的对称布局。有时为了避免对称均衡的布置过于呆板而不亲切，可以在对称轴两侧变换搭配形式，如图 2-13、图 2-14 所示。

图 2-13　对称均衡

图 2-14　建筑物两旁植物的对称布置

2. 不对称均衡

在园林绿地的布局中，受功能、组成部分、地形等各种复杂条件的制约，往往很难也没有必要做到绝对对称，在这种情况下常采用不对称均衡的手法。不对称均衡的布置，要综合衡量园林绿地构成要素的虚实、色彩、质感、疏密、线条、体形、数量等给人产生的体量感觉，切忌单纯考虑平面的构图。

不对称均衡小至树丛、散置山石、自然水池的布置，大至整个园林绿地、风景区的布局，常用于花园、公园、植物园、风景区等较自然的环境中。一条蜿蜒曲折的园路，若路的右侧种植了一棵高大的雪松，则路的左侧须植以数量较多、单株体量较小、成丛的花灌木，以求均衡。所以，广泛不对称均衡的布置常应用于一般游憩性的自然式园林绿地中，但也可用于不规则建筑物门前的不对称布置，最终达到均衡布局、和谐统一，如图 2-15、图 2-16 所示。

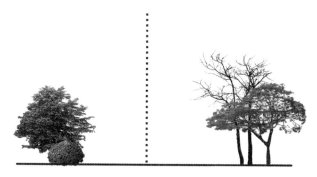

图 2-15　不对称均衡

图 2-16　建筑物门前植物的不对称布置

2.2.4　韵律与节奏

　　节奏本是指音乐或诗歌中交替出现的有规律的强弱、长短的现象。节奏这个具有时间感的用语在构成设计上是指以同一视觉要素连续重复时所产生的运动感。韵律是有规律的变化，有韵律的构成具有积极的生气，有加强魅力的效果。园林植物配置有规律地变化就会产生韵律感。杭州白堤上间棵桃树间棵柳树就是一例。云栖竹径两旁为参天的毛竹林，如相隔 50 m 或 100 m 就种植一棵高大的枫香树，则沿径游赏时会感到有韵律感的变化。重复是获得韵律感的必要条件，只有简单的重复而缺乏有规律的变化，就会让人感到单调、枯燥，所以韵律与节奏是园林艺术构图多样统一的重要手法之一，如图 2-17 所示。

通过形状的变化产生的节奏

通过色调的变化产生的节奏

重复栽植产生的节奏

图 2-17　韵律与节奏

园林绿地构图产生韵律与节奏的方法很多，常见的有简单韵律、渐变韵律、起伏曲折韵律（如图 2－18 所示）、交替韵律（如图 2－19 所示）、拟态韵律、交错韵律。

图 2－18　水边植物的形状起伏、色彩变化形成韵律与节奏

图 2－19　快慢车道隔离带丝葵和蓝花楹间隔种植产生韵律与节奏

2.2.5　比例与尺度

比例是指园林中的景物在体型上具有适当的关系。尺度是指园林空间中各个组成部分与具有一定自然尺度的物体的比较。比例包含两方面的意义：一方面是指园林景物、建筑物整体或者它们的某个局部构件本身的长、宽、高之间的大小

关系，另一方面是指园林景物、建筑物整体与局部或局部与局部之间空间形体、体量大小的关系。尺度是景物、建筑物整体和局部构件与人或人所习见的某些特定标准的大小关系，如图 2-20 所示。

图 2-20　某地建筑物与孤植树的空间体量比例适当

园林绿地构图的比例与尺度都要以使用功能和自然景观为依据。园林的大小差异很大。承德避暑山庄、颐和园等皇家园林都是面积很大的园林，其中建筑物的规格也很大，所以园林与建筑搭配比例协调。而苏州、杭州、广东等私家园林的规模都比较小，建筑物、景观常需利用比例来达到协调的效果。

第 3 章　园林植物配置的生态观

植物生态学是研究植物之间、植物与环境之间相互关系的科学。它研究的内容主要包括植物个体对不同环境的适应性，以及环境对植物个体的影响。随着社会经济的发展和环境问题的加剧，以生态学为指导，以植物为主体，建立一个完善、多功能、良性循环和可持续发展的人居生存环境，已成为人们的普遍共识。作为景观设计者，要运用植物生态学原理，合理地配置植物种类，既满足植物与环境在生态适应上的统一，又要通过艺术构图原理体现出植物的个体美和群体的形式美。尽管组成环境的所有生态因子都是植物生长发育所必需的，但对某一种植物，或者植物某一生长发育阶段的影响，常常有 1～2 个因子是起决定性作用的，这种起决定性作用的因子称为主导因子。其他因子则是从属于主导因子起综合作用的。如橡胶是热带雨林植物，其主导因子是高温高湿；仙人掌是热带稀树草原植物，其主导因子是高温干燥。这两种植物离开了高温都会死亡。又如高山植物常年生活在云雾缭绕的环境中，在引种到低海拔平地时，空气湿度是决定其能否存活的主导因子，因此将其种在树荫下一般较易成活。如果所选择的植物种类不能与种植地点的环境和生态相适应，植物就不能存活或生长不良，也就不能达到造景的要求；如果只顾及园林植物景观的美化，所设计的栽培植物群落不符合自然植物群落的发展规律，也就难以达到预期的艺术效果。

3.1　环境条件对园林植物景观的影响

3.1.1　温度对园林植物景观的影响

温度是影响植物生长发育最重要的因子之一，是植物生命活动过程中不可缺少的重要条件。地球表面各地温度条件随所处纬度、海拔、地形和海陆分布等条件的不同而有很大的变化。空间上，温度随海拔、纬度的升高而降低，随海拔、纬度的降低而升高。时间上，温度在一年中有四季的变化，在一天中有昼夜的变化。温度与植物的萌芽和生长有着密切的关系，植物在适宜的温度下会很好地生长，而在高温或者低温下，植物的生存和生长会受到影响。

温度的变化对植物的光合作用、呼吸作用、蒸腾作用等会产生不同程度的影响。植物的生长都有最低温度、最适温度、最高温度，称为温度三基点。不同的植物，其温度三基点也各不相同。热带植物对热量条件要求较高，在年绝对低温多年平均值0℃以上，全年基本无霜冻，≥10℃积温7000～7500℃以上地区才能正常生长，如橡胶、油棕、椰子、可可等。温带植物生长的最低温度要求为5～10℃，如棉花、郁金香、百岁兰、金琥等。多数植物在0～35℃的温度范围内，温度上升，生长加速；温度降低，生长减缓。一般来说，各类植物能忍受的最高温度是不一样的。被子植物能忍受的最高温度是49.8℃，裸子植物是46.4℃。有些荒漠植物，如生长在热带沙漠里的仙人掌科植物，在50～60℃的环境中仍然能生存。温泉中的蓝藻能在85.2℃的水域中生活。植物能忍受的最低温度因植物种类的不同而变化很大。原产于北方高山的某些杜鹃花科小灌木，如长白山自然保护区白头山顶的牛皮杜鹃、苞叶杜鹃、高山杜鹃都能在雪地里开花。根据不同植物对温度的忍耐程度，在进行植物造景时应考虑以下四点。

1. 提倡应用乡土树种造景，避免植物异地移栽的风险

例如，西昌市位于四川省西南部，地处攀西地区的中心地带，属亚热带高原季风气候区，常年平均气温17℃，气候宜人，冬无严寒，夏无酷暑。西昌市自2006年获得"中国优秀旅游城市"称号之后，大量引进棕榈科植物，应用于城市园林绿化中。2008年1月下旬至2月中旬，西昌市出现了罕见的持续强降温和雨雪冰冻天气过程，特别是1月31日至2月1日普降中到大雪，为20年一遇，一些地区为50年一遇。受害最严重的是棕榈科等热带植物，如假槟榔属、槟榔属、国王椰属、马岛椰属，受冻害较为严重的还有从广东等地引进的金叶假连翘、变叶木、红背桂、鸡蛋花、朱槿等，而原产于当地的乡土树种却安然无恙。因此，植物造景时应尽量提倡应用乡土树种，控制南树北移、北树南移，最好经栽种试验后再应用。如椰子在海南岛南部生长旺盛，硕果累累，引至广东北部则果实变小，产量显著降低，在广州则不仅不易结实，甚至还有冻害。又如凤凰木原产于热带非洲，在当地生长十分旺盛，花期长而先于叶放，引至海南岛南部则花期明显缩短，有花、叶同放现象，引至广州，大多变成先叶后花，花的数量明显减少，甚至只有叶片不开花，大大影响了景观效果。高温会影响植物的质量，如一些果实的果形变小、成熟不一、着色不艳。

2. 通过调节温度来控制花期，满足造景需求

在园林实践中常通过调节温度来控制花期，满足造景需求。如一品红属于亚热带植物，在北京桶栽，通常于9月开花。为了满足国庆用花需要，通过调节温度，推迟到"十一"盛开。又如，桂花在北京常于6—8月初形成花芽，当从高温的盛夏转入秋天之后，花芽就开始活动、膨大，夜间最低温度在17℃以下时就会开放，通过提高温度，就可控制花芽的活动和膨大。具体办法是在6月上旬

见到第一个花芽鳞片开裂活动时就将桂花移入玻璃温室，利用白天室内吸收的阳光热和晚上紧闭门窗就能自然提高温度 5～7℃，从而使夜间温度控制在 17℃ 以上，这样花蕾生长受抑，显得比室外小，到国庆节前两周搬到室外，由于室外气温低，花蕾迅速长大，经过两周的生长，正好于国庆开放。

3. 合理配置植物，营造各气候带的植物景观

棕榈科中绝大部分种类都要求生长在温度较高的热带和亚热带南部地区的气候条件下，如椰子、海枣、油棕、金山葵、槟榔、鱼尾葵、散尾葵、糖棕、假槟榔等，所以在适宜温度地区选择这些植物造景就形成了典型的热带和亚热带景观。西昌市的气候为营造热带和亚热带景观创造了良好条件，布迪椰子、加那利海枣、海枣、林刺枣、棕竹、棕榈等热带植物在这里生长表现良好。同时，西昌的气温也有利于大多数开花植物的生长，表现为花期长、花色艳，如蓝花楹、黄花风铃木、鸡冠刺桐、一品红、迎春等。

4. 根据物候变化，营造丰富多彩、动态变化的植物景观

不同的季节，植物的景观不尽相同。植被的外貌随物候变化，在每个生长期呈现出不同的形态。物候变化对人工次生林的外貌影响不大，但对林下灌木及草本植物的外貌影响较大，如桃金娘因枯荣变化而呈现不同的外观，具有一定的观赏价值。吐绿、发芽、开花和结果形成次生林最显著的景观变化，从暗绿到嫩绿，从单纯的绿色到多种颜色组合，再到多样的果期，景观变化产生动态变化效果。在稀树草原上各个时期都有不同的植物开花，红色、白色、紫色点缀草坪，并维持着植物景观的一致性，因此在景观上并不随物候的变化而产生太大的差异。

植物的季相变化是物候变化的一个重要体现。每个群落类型都有一定的物种组成，随季节的变化及地理位置的差异而在外貌上表现出一定的季相变化。季相主要表现为植被的外貌特征，植被景观的基本色调是绿色，其中夹杂白色、黄色和紫色，群落的季相变化给植被添加了红色、紫黑色等多种色彩，并且在不同地域、不同时间增添了景观效果。适当的落叶树种点缀在常绿的植被群落中引起景观效果的变化，可调剂植被景观单调的常绿气氛。

3.1.2　光照对园林植物景观的影响

根据植物对光照强度的适应程度，一般将植物分为阳性植物、阴性植物和居于二者之间的耐阴植物。在自然界的植物群落组成中，可以看到乔木层、灌木层、地被层，各层植物所处的光照条件都不相同，这是长期适应的结果，形成了植物对光的不同生态习性。

（1）阳性植物要求较强的光照，不耐阴，一般需光度为全日照 70％ 以上的光强。在自然植物群落中，阳性植物常为上层乔木，如木棉、梭梭、木麻黄、椰

子、芒果、杨树、柳树、桦树、槐树、油松及许多一、二年生植物。

（2）阴性植物在较弱的光照条件下比在强光下生长良好，一般需光度为全日照的 5%～20%，不能忍受过强的光照，尤其是一些树种的幼苗，需在一定的荫蔽条件下才能生长良好。阴性植物在自然植物群落中常处于中、下层，或生长在潮湿背阴处，在群落结构中常为相对稳定的主体，如红豆杉、三尖杉、粗榧、香榧、铁杉、可可、咖啡树、肉桂、萝芙木、金粟兰、茶树、柃木、紫金牛、中华常春藤、地锦、三七、草果、人参、黄连、细辛、阔叶麦冬及吉祥草等。

（3）耐阴植物在光照条件好的情况下生长好，但也能忍耐适度荫蔽，或者在生长期间有一段时间需要适当遮阴。耐阴植物既能在阳地生长，也能在较阴处生长。大多数植物属于此类，如罗汉松、竹柏、山楂、椴树、栾树、君迁子、桔梗、白及、棣棠、珍珠梅、虎刺及蝴蝶花等。

树木需光类型可以通过植物形态加以推断：树冠呈伞形的为阳性树种，树冠呈圆锥形并且枝条紧密的为耐阴树种；树干下部侧枝较早脱落的为阳性树种，不易脱落的为耐阴树种；常绿植物叶片为针状的多为阳性树种，为扁平或者呈鳞片状且表、背区分明显的为耐阴树种；常绿阔叶树种多为耐阴树种，落叶树种多为阳性树种。

植物具有不同的需光性，这使得植物群落具有明显的垂直分层现象。阳性树种作为上层，以获得更多的阳光；中层为耐阴植物；下层获得的阳光最少，甚至几乎没有，所以只有阴性植物可以生存。自然规律是无法违背的，所以在进行植物造景时应按照植物的需光类型进行植物选择和搭配。设计者应该根据植物的这些特性综合考虑配置植物的位置，例如，在建筑物的阴面就不能种植阳性植物，而应考虑配置阴性植物和耐阴植物。西昌常见的植物分层配置模式有以下几种：

（1）香樟/乌桕/栾树/槐树＋棕榈＋石楠/枸骨/海桐/南酸枣/女贞/紫藤/南天竹＋二月兰/白车轴草/吉祥草/狗牙根；

（2）银杏/刺桐/枫树＋石楠/金叶假连翘/合欢＋麦冬；

（3）雪松/广玉兰＋紫薇/紫荆/野迎春＋鸢尾/红花酢浆草/其他地被；

（4）马尾松/红枫/刺桐＋海桐/石楠/金森女贞/红花檵木＋草/蕨类。

3.1.3 水分对园林植物景观的影响

水是植物生存的物质条件，也是影响植物形态结构、生长发育、繁殖及种子传播等的重要生态因子。植物对水分的需求呈现出一定的特征，由此产生不同的植物景观，如旱生植物、中生植物、湿生植物、水生植物。景观设计中通过用地竖向设计创造出不同类型的水面（河、湖、塘、溪、潭、池等），不同水面的水深、面积及形状不一，必须选择相应的植物来美化，从而形成不同的水生植物景观。同时，考虑植物对水分的不同需求，因地制宜，选择合适的植物种类，创造优美的植物景观。此外，要注意不同的植物对水分的要求也不同，这就要求在进行景观设计时要合理地配置植物，不能把对水分要求不同的植物放在一起。例如，某楼盘在冷季型草坪上种植油松、白皮松，刚开始看着很好，但几年后树都死了，这就是因为没有照顾到植物不同的生活习性。冷季型草坪需要经常喷水，而油松、白皮松却受不了。这并非说油松、白皮松下不能种草，关键是种什么草。设计阶段就要考虑到将来形成的绿化景观，进行植物的综合布局时，在考虑视觉效果的同时要综合考虑所选用植物的生活习性。

水是植物体的主要构成成分之一。一般植物体都含有 60%～80%，甚至 90% 以上的水分。植物的生命活动需要水，植物对营养物质的吸收和运输，以及光合、呼吸、蒸腾等生理作用，都必须在有水的参与情况下才能进行。因此，水可决定植物能否健康生长，能否正常显示植物本身的形态、色泽，是植物造景中非常重要的因素之一。

1. 空气湿度与植物景观

空气湿度对植物生长有很大影响。在云雾缭绕、高海拔的山上，有着千姿百态、万紫千红的观赏植物，它们长在岩壁上、石缝中、瘠薄的土壤母质中，或附生于其他植物上。这类植物没有坚实的土壤基础，它们的生存与较高的空气湿度密切相关。如在高温高湿的热带雨林中，高大的乔木上常附生有大型的蕨类，如槲蕨、鹿角蕨、巢蕨、连珠蕨等，植物体呈悬挂、下垂姿态，抬头观望，犹如空中花园；天目山的松萝必须在高海拔处，达到一定的空气湿度才能附生在树上；黄山鳌鱼背的土壤母质中生长着绣线菊等耐瘠薄的观赏植物，它们主要是依靠较高的空气湿度维持生长。如果对以上的植物景观加以模拟，只要空气湿度不低于 80%，就可以将这些景观搬进温室中进行人工的植物景观创造，只要一段朽木就可以附生很多花色艳丽的兰科植物、花叶观赏效果极佳的凤梨科植物以及各种蕨类植物。

2. 水与植物景观

在生物圈中，水的分布不均，因此形成的不同类型的植物对水分的要求各不相同，水生植物景观各具特色。根据植物与水分的关系，可把植物分为水生、湿生、旱生、中生等类型，它们在组织、形态、生理以及植物景观上都有所不同。在进行植物造景时，必须选择与环境中的水分条件相适应的植物。

（1）水生植物景观。

水生植物类型很多，根据生长环境中水的深浅不同，可以划分为沉水植物、浮水植物和挺水植物三类。由于植物体所有水下部分都能吸收养料，所以根往往就退化了。有的植物完全没有根，如槐叶蘋；有的植物在幼时有根，长大后便会逐渐脱去根毛，如满江红、浮萍、水鳖、雨久花；有的植物根本没有根毛，如白睡莲。水生植物的枝叶形状也多种多样，如水毛茛沉水的叶常为丝状、线状，

水面的部分却呈扁平状。不少水生植物还有两种叶，比如菱属、莕菜、萍蓬草等。

（2）湿生植物景观。

湿生植物指在潮湿环境中生长，不能忍受较长时间的水分不足，抗旱能力最弱的陆生植物。这类植物绝大多数是草本植物，木本的很少。在植物造景中可用的有水椰、红树、水松、池杉、落羽杉、水杉、枫杨、柳树、杜梨、苦楝、海芋、水芋、雨久花、花叶水葱、宽叶香蒲、萍蓬草、红菱、荷花、睡莲、蕨类、附生兰、白柳、垂柳、旱柳、黑杨、枫杨、乌桕、白蜡、山里红、赤杨、夹竹桃、水翁蒲桃、千屈菜、黄花鸢尾、驴蹄草、榕属等。

（3）旱生植物景观。

在黄土高原、荒漠、沙漠等干旱的热带生长着很多抗旱植物，这类植物为了减少水分的流失，往往会有一些形态上的变化。在严重缺水和强烈光照下生长的植物，植株往往变得粗壮矮化。地上气生部分发育出种种防止过分失水的结构，而地下根系则深入土层，或者形成了储水的地下器官。茎干上的叶子变小或丧失以后，幼枝或幼茎就替代了叶子的作用，在它们的皮层细胞或其他组织中可具有丰富的叶绿体，进行光合作用。另外，沙漠地区的很多木本植物，由于长期适应干旱的结果，多呈灌木丛景观。至于许多生长在盐碱地的所谓盐生植物，由于生理上缺水，同样显现出一般旱生植物的结构，这类植物的根、茎、叶往往有一定的变化。旱生植物有马尾松、雪松、麻栎、栓皮栎、构树、化香树、石楠、旱柳、沙柳、白兰花、橡胶树、枣树、骆驼刺、木麻黄、文竹、天竺葵、天门冬、杜鹃、山茶、锦鸡儿、仙人掌等。由于奇特的外形，在园林造景中配置这类植物往往会收到意想不到的效果。

（4）中生植物景观。

中生植物指形态结构和适应性均介于旱生植物和湿生植物之间，不能忍受严重干旱或长期水涝，在水分条件适中的环境中生长良好的植物。中生植物具有一系列适应中等湿度环境的形态结构和生理特征。例如，它们的根系和输导组织比旱生植物发达，但不如湿生植物；叶片表面有角质层，栅栏组织和海绵组织分化较均匀。常见的中生植物有很多，包括大多数农作物，如小麦、玉米、棉花等；花卉中的菊花、一串红等；树木中的杨树、柳树、槐树等。

3.1.4　土壤对园林植物景观的影响

土壤对植物来说也是重要的生态因子。土壤为植物提供附着的基础，同时也为植物的生长提供水分和养分。植物与土壤之间进行着频繁的物质交换，彼此有着强烈的影响，因此通过控制土壤因素，可以影响园林植物的生长和发育，进而对其景观效果产生影响。

1. 基岩与植物景观

不同的岩石风化后形成不同性质的土壤,不同性质的土壤上生长着不同的植被,具有不同的植物景观。岩石风化对土壤性状的影响主要表现在理化性质上,如土壤厚度、质地、结构、酸碱度、养分等。比如,石灰岩主要由碳酸钙组成,属钙质岩类风化物。在风化过程中,碳酸钙被酸性水溶解,大量随水流失,土壤中缺乏磷和钾,多具石灰质,呈中性或碱性;土壤黏实,易干;不宜针叶树生长,宜喜钙耐旱植物生长,如甘草、麻黄、南天竹、野花椒、蒺藜、枸杞、百里香、小叶锦鸡儿、芸香草等。砂岩属硅质岩类风化物,其组成中含大量石英,坚硬,难风化,多构成陡峭的山脊、山坡;在湿润条件下,形成酸性土,营养元素贫乏。流纹岩也难风化,在干旱条件下,多石砾或沙砾质,在温暖湿润条件下呈酸性或强酸性,形成红色黏土或砂质黏土;植被组成中以常绿树种较多,如杜鹃、冷杉、红松、岳桦、栀子、落叶松、紫楠、香樟等。

2. 土壤物理性质对植物的影响

土壤物理性质主要指土壤质地、结构、容量、孔隙度等。理想的土壤是疏松,有机质丰富,保水、保肥力强,有团粒结构的壤土。城市土壤的物理性质具有极大的特殊性,很多为建筑土壤,含有大量砖瓦和渣土。如果砖瓦和渣土的含量为30%,则有利于土壤通气,使根系生长良好;如果其含量高于30%,则保水不好,不利于根系生长。城市内由于人流量大,人踩车压,增加了土壤密度,降低了土壤的透水和保水能力,使自然降水大部分变成地面径流损失或被蒸发掉,不能渗透至土壤中去,造成缺水。土壤被踩踏紧密后,土壤硬度增加。一般人流影响土壤深度为 $3\sim10$ cm,土壤硬度为 $14\sim18$ kg/cm^2;车辆影响土壤深度为 $30\sim35$ cm,土壤硬度为 $10\sim70$ kg/cm^2。另外,城内一些地面用水泥、沥青铺装,封闭性大,留出的树池很小,也造成土壤透气性差,硬度大。大部分裸露地面由于过度踩踏,地被植物长不起来,提高了土壤温度。

3. 不同酸碱度土壤的植物生态类型

根据土壤酸碱性情况,将我国土壤酸碱度分成五级:pH<5,为强酸性;pH=$5\sim6$,为酸性;pH=$6.5\sim7.5$,为中性;pH=$7.5\sim8.5$,为碱性;pH>8.5,为强碱性。酸性土壤植物在碱性土或钙质土上不能生长或生长不良。它们分布在高温多雨地区,土壤中盐质如钾、钠、钙、镁被淋溶,而铝的浓度增加,土壤呈酸性。另外,在高海拔地区,由于气候冷凉、潮湿,在以针叶树为主的森林区,土壤中形成富里酸,含灰分较少,因此土壤也呈酸性。这类植物有五针松、杜鹃、山茶、油茶、栀子、吊钟花、秋海棠、朱顶红、茉莉花等。

当土壤中含有碳酸钠、碳酸氢钠时,pH 可达 8.5 以上,称为碱性土。如果土壤中所含盐类为氯化钠、硫酸钠,则土壤呈中性。能在盐碱土上生长的植物叫耐盐碱土植物,如杜梨、构树、臭椿、美国红栌、千头椿、白蜡树、旱柳、馒头

柳、榆树、栾树、泡桐、刺槐、桂香柳、枣树、桑树、皂荚、白杜、合欢、杜仲、君迁子、盐麸木、火炬树、山桃、新疆杨、圆柏、龙柏、柽柳、紫穗槐、金雀梅、锦鸡儿、野蔷薇、金银木、白刺花、木槿、石榴、胡枝子、接骨木、月季花、西府海棠、金叶女贞、水蜡树、小叶女贞、紫丁香、白丁香、暴马丁香、华北香薷、海州常山、碧桃、榆叶梅、黄刺玫、珍珠梅、锦带花、紫叶小檗、红叶李、胶东卫矛、叉子圆柏、剑麻、大叶黄杨、早园竹、五叶地锦、鸡矢藤、地锦、厚萼凌霄、金银花、赤地利等。当土壤中含有游离的碳酸钙时，称为钙质土。有些植物在钙质土上生长良好，称为钙质土植物（喜钙植物），如南天竹、甘草等。

3.1.5 空气因子对园林植物景观的影响

植物群落周边环境的变化会直接或间接地影响植物群落。不同的树种，其生态作用和效益不相同，有的甚至相差很大。植物群落中的各种植物对大气污染的反应程度不同，人们可以据此来了解空气的污染程度，见表3-1。

表3-1 利用植物对污染物质进行监测

污染物质	植物名称
SO_2	紫苜蓿、向日葵、胡萝卜、莴苣、南瓜、芝麻、蓼、土荆芥、艾、紫苏、藜、落叶松、雪松、美洲五针松、马尾松、枫杨、加拿大白杨、杜仲
HF	唐菖蒲、郁金香、萱草、美洲五针松、欧洲赤松、雪松、蓝粉云杉、樱桃、葡萄、黄杉、落叶松、杏、李、金荞麦、玉簪
Cl_2、HCl	萝卜、桦叶槭、落叶松、油松、桃、荞麦
NO_2	悬铃木、向日葵、番茄、秋海棠、烟草
O_3	烟草、矮牵牛、马唐、雀麦、花生、马铃薯、燕麦、洋葱、萝卜、女贞、银白槭、梓树、皂荚、紫丁香、葡萄、紫玉兰、牡丹
PAN	繁缕、早熟禾、矮牵牛
Hg	女贞、柳树

为了提高植物造景的生态效益，必须选择那些与各种污染气体相对应的抗性树种和生态效益较高的树种。例如，随着经济的高速发展和工业化进程的加快，人们对石油、天然气等能源的需求量不断增加，SO_2、HCl、Cl_2等已经成为大气的主要污染源。不同园林植物对SO_2吸收、净化的能力与其形态、叶量、叶面积、气孔开度等有密切关系，即使生物量相同，吸收SO_2的量也不同。张德强等挑选了32种园林绿化植物来研究其对空气中SO_2的去除能力，结果发现菩提榕、仪花、小叶榕和铁冬青不但具有很强的抗性，吸收去除能力也很强。此外，可以

利用唐菖蒲对氟化物的敏感性来监测大气中的氟污染情况。人们对植物生态功能的认识在逐步提高，在利用植物地上部分来改善环境的同时，也在研究利用植物根系富集污染土壤中的重金属元素，从而达到修复土壤的目的，为人们的生产活动提供良好的生态环境。

3.2　园林植物配置的生态学原理

3.2.1　植物群落及其类型

我国自然环境复杂多样，植物种类丰富多彩。在自然界，任何一种植物都不是单独生活的，总有许多其他种的植物和它生活在一起。这些生长在一起的植物占据了一定的空间，与环境相互影响、相互作用，同时又按照自己的规律生长发育、演变更新，形成植物群落。

植物群落按其形成原因可分为自然群落和栽培群落。在不同的气候条件及生境条件下自然形成的群落称为自然群落。各自然群落都有自己独特的种类、外貌、层次和结构。比如，西双版纳热带雨林群落，在其最小面积中往往有数百种植物，群落结构复杂，常有六七个层次，林内藤本植物、附生植物丰富；又如，东北红松林群落的最小面积中仅有 40 种左右的植物，群落结构简单，常有两三个层次。总之，环境越优越，群落中植物种类越多，群落结构就越复杂。

栽培群落是人类以自己的需要，把同种或不同种植物配置在一起，根据人们的生产、观赏、改善环境条件等需要而组成的群落，如果园、苗圃、行道树、林荫道、林带、树丛、树群等。栽培群落的设计必须遵循自然群落的发展规律，并从丰富多彩的自然群落组成、结构中借鉴，这样才能在植物造景中达到科学性与艺术性的统一。如果单纯追求艺术效果及刻板的人为要求，不顾植物的习性，硬凑成一个违反植物自然生长发育规律的群落，其结果肯定是失败的。

3.2.2　自然群落的特征

区分不同群落的重要特征是物种组成，它也是决定群落外貌及结构的基础条件。

1. 自然群落的外貌

对群落结构和群落环境的形成有明显控制作用的植物称为优势种。优势种对群落的外貌影响最大，如云杉、冷杉和水杉群落的外轮廓线条是尖峭挺立的，高山上的偃柏群落的外轮廓线条则是贴伏地面、宛若波涛起伏的。

（1）生活型。

生活型也可以说是植物对环境的适应型，是指植物长期适应外界环境而形成

独特的外部形态、内部结构和生态习性。比如针叶、落叶、常绿等都是植物长期适应外界环境而形成的生活型。同一科的植物也存在不同的生活型,如蔷薇科的桃、樱桃、李呈乔木状,月季花、玫瑰呈灌木状,木香、覆盆子、山莓呈藤本状,草莓、蛇莓呈草本状。如果亲缘关系很远,不同科的植物也能表现出相同的生活型。比如旱生环境下形成的多浆植物,除主要为仙人掌科植物外,还有大戟科的霸王鞭,菊科的仙人笔,番杏科的露草,萝藦科的犀角,葡萄科的白粉藤,百合科、景天科、龙舌兰科、马齿苋科等植物种类。只有极少数的科,如睡莲科,其不同的种具有大致相同的生活型,如莼菜、芡实、莲、睡莲及萍蓬草等。

(2)群落的高度。

群落的高度也直接影响群落外貌。群落中最上层植物的高度称为群落的高度。群落的高度受自然环境中海拔、温度及湿度的影响而各不相同。一般来说,在温暖多湿的地区,植物生长季节长,群落的高度就大;在气候寒冷或干燥的地区,气温低,植物生长受限,群落的高度就小。比如,热带雨林群落的高度多为25~35 m,最高可达45 m;亚热带常绿阔叶林群落的高度为15~25 m,最高可达30 m;山顶矮林的高度一般为5~10 m,甚至只有2~3 m。

(3)群落的季相。

群落的季相在色彩上影响群落外貌,而优势种的物候变化又最能影响群落的季相。燕京八景之一的香山红叶,每年秋天都能吸引无数观赏红叶的游客。香山红叶种类很多,大面积的是黄栌,其次是柿、枫等。在霜降时节,香山东南山坡上,十万余株黄栌迎晖饮露,叶焕丹红,其间杂以柿、枫等树,如火似锦,极为壮美。乾隆年间所定"香山二十八景"中的"绚秋林"即指此处。红色调的秋叶有红叶石楠、紫叶李、红枫、黄栌、枫树、槭树、栎树、火炬树、落羽杉、紫叶桃花、地锦、紫叶矮樱、卫矛、红瑞木等。群落中累累红果更增添了秋色的魅力,如尾叶冬青、黄山花楸、野鸦椿、垂丝卫矛、安徽小檗、四照花、红豆杉、黄山蔷薇、天南星等。秋季群落中色彩鲜艳的开花地被植物同样装点着迷人的秋景,如蓝色的乌头、杏叶沙参、野韭菜,黄色的小连翘、月见草、野菊、蒲儿根、苦荬菜、鼠曲草,粉红色的秋牡丹、瞿麦、马先蒿,紫色的香薷,白色的山白菊等。

2. 自然群落的结构

(1)群落的多度。

可以说群落中多度最大的种就是优势种。群落内植物个体的疏密度称为密度。群落内的光照强度直接受密度的影响,这与该群落的植物种类组成及相对稳定性有极大的关系。总的来说,环境条件优越的热带多雨地区,群落结构复杂,密度大;反之,则群落结构简单,密度小。

（2）群落的垂直结构。

在垂直方向上，大多数群落具有明显的分层现象。分层现象不仅仅存在于地上部分，在地下部分，各种植物的根系分布也存在这种现象。群落的多层结构一般可分为三个基本层：乔木层、灌木层、草本及地被层。荒漠地区的植物通常只有一层；热带雨林的层次可达六七层。乔木层常可分为两三个亚层，枝丫上常有附生植物，树冠上常攀缘着木质藤本，在下层乔木上常见耐阴的附生植物和藤本。灌木层一般由灌木、藤灌、藤本及乔木的幼树和成片的竹类组成。草本及地被层有草本植物、蕨类以及一些乔木、灌木、藤本的幼苗。此外，还有一些寄生植物、腐生植物，它们在群落中没有固定的层次位置，不构成单独的层次，所以称它们为层外植物。常绿阔叶林的垂直分层景观如图 3-1 所示。

图 3-1　常绿阔叶林的垂直分层景观

3.2.3 自然群落内各种植物的种间关系

自然群落内各种植物之间的关系是极其复杂的，有竞争，也有互助。由于生态位竞争，不同植物之间产生了生态位挤压，因此也形成了不同的植物景观。

1. 寄生关系

在中国的乌兰布和沙漠、腾格里沙漠和古尔班通古特沙漠等地生长着两种著名的药用植物——肉苁蓉和锁阳，这是两种寄生在宿主植物根上的植物。肉苁蓉是多年生肉质草本植物，其寄主很多，有梭梭、红砂、盐爪爪和柽柳等，尤其喜欢寄生在梭梭这种耐旱木本植物的根上。肉苁蓉一生中有三到五年是埋在沙土里生长的，出土后生长一个月左右的时间，茎黄色，高 80~150 cm，肉质肥厚且不分枝，叶子则退化成肉质小鳞片，无柄，密集螺旋式排列在茎上。5 月从茎顶端抽出穗状花序。肉苁蓉露出地面的部分几乎都由花序组成，开花结果后结出大量细小的种子，种子随风沙一起飞扬，一旦深入土层与寄主根接触，受寄主根分泌物的刺激，在适宜的温度下就开始萌发，开始新一轮的寄生生活。

2. 附生关系

有些植物不跟土壤接触，其根群附着在其他树的枝干上生长，以雨露、空气中的水汽及有限的腐殖质为生，如蕨类、兰科的许多种类，这类植物叫附生植物。它们通常不会长得很高大，自身可进行光合作用，不会掠夺它所附着植物的营养与水分。这种生长模式的意义在于可以通过攀附在高大的树木上而使自己更好地吸收光。蕨类植物中常见的有肾蕨、岩姜蕨、巢蕨、星蕨、抱石莲、石韦等，天南星科的龟背竹、麒麟尾，芸香科的蜈蚣藤等，还有诸多的如兰科、萝藦科等植物。这种附生景观如果模拟应用在植物造景中，不但可增加单位面积中绿叶的数量，提高环境的生态效益，而且能配置出多种多样美丽的植物景观。

3. 共生关系

菌根是自然界中普遍存在的一种共生现象，是由土壤中的菌根真菌与植物根系形成的一种共生体。根据形态和解剖学特征，菌根分为外生菌根和内生菌根。栗、水青冈、白桦、鹅耳栎、榛等有外生菌根，兰科植物、雪松、红豆杉、胡桃、白蜡、杨树、楸树、杜鹃、槭树、桑树、葡萄、李、柑橘、茶树、咖啡树、橡胶等有内生菌根。这些菌根有的可固氮，为植物吸收和传递营养物质，有的能使树木适应贫瘠不良的土壤条件。

4. 连生关系

在自然界中，植物与植物之间相互联系、相互影响的形式是多种多样的，两棵树的枝干或根合生在一起，形成连理枝或根合生的现象就是其中之一。在我国许多风景区或古老的寺院内也保留着一些连理树，当地群众称之为握手树、友谊树、亲家树等。这种有趣的自然现象很早就引起了人们的注意。我国唐代大诗人白居易就有"在天愿作比翼鸟，在地愿为连理枝"的诗句。树木的这种连生现象实际上就是自然接木。当相邻的两棵树枝丫交接时，在风力作用下相互摩擦，磨破树皮，显出形成层，一旦风静，相交之处的形成层就会产生新细胞，使之相互愈合，形成连理枝。树木的连生现象在森林中是屡见不鲜的，除地上部分外，地下的根亦常形成连理。当相邻树木的根并行生长时，由于根径的加粗，相互挤压，根皮破裂，就会形成连理根。

5. 生物化学关系

绿色植物之间常常相互争斗，甚至动用自己特有的"化学武器"来消灭对方，保护自己。植物分泌的化学物质会对生长在一起的其他植物产生抑制或促进作用，植物还可以通过化学分泌物来传递信息。刺槐树皮释放的一种物质能杀死周围杂草，使根株范围内寸草不生。紫丁香、薄荷、月桂能分泌大量芳香物质，对相邻植物的生长有抑制作用。还有一种胡桃树分泌的化学物质，在土壤中水解氧化后具有极大的毒性，能造成其他植物的受害或者死亡。可见在植物造景时也必须重视植物之间的生物化学作用。

6. 机械关系

自然群落内植物种类繁多，这使得一些对环境因子要求相同的植物种类间表现出强烈的竞争关系。而一些对环境因子要求不同的植物种类间不仅竞争少，而且还可能呈现出互惠关系。例如，松林下的苔藓层保护土壤不致干化，有利于松树生长，反过来松树的树荫也有利于苔藓的生长。机械关系主要是指植物间剧烈竞争的关系，尤其以热带雨林中缠绕藤本和绞杀植物与乔木间的关系最为突出。在热带雨林中，常常能看到一些藤本植物，藤蔓顺着大树的枝干蔓生，像一根根绞索，把大树紧紧勒住（如图 3-2 所示）。另外，高山榕的果实很有诱惑力，鸟啄食后，没消化的种子随粪便排出，偶尔落到树干或枝干上，就开始生根发芽。其气生根长出来后，有的顺着寄主树向下爬行，有的垂吊在空中，慢慢地落到地面再扎入土中。气根越长越多，纵横交错成网状，紧紧地贴住寄主树的枝干，争夺阳光与养料，让自己的树冠长得庞大浓郁，盖过了寄主树，最后用气根把寄主树团团围起来，越裹越紧，寄主树就在"窒息"中渐渐死去。

图 3-2　藤蔓植物缠身乔木树干景观

3.3　园林植物配置的生态学应用

3.3.1　景观生态学和生态主义的发展

景观生态学研究起源于 20 世纪五六十年代的欧洲。20 世纪 80 年代，景观生态学在全世界范围内得到迅速发展。1981 年在荷兰召开了首届国际景观生态学讨论大会，1982 年于捷克斯洛伐克成立了国际景观生态学会（International Association for Landscape Ecology，IALE），1987 年该学会创办国际性杂志

《景观生态学》。其间，理查德·福尔曼（Richard Forman）和米切尔·戈登（Michel Godron）合著出版的《景观生态学》（*Landscape Ecology*，1986）标志着景观生态学发展进入了一个崭新的阶段。迄今为止，景观生态学不仅被学术界普遍接受，而且已逐渐形成自身独立的理论体系，成为生态学研究中的重点发展方向之一。我国在这方面起步较晚，20 世纪 80 年代初景观生态学思想才引入国内。

景观生态学是研究景观的空间结构和形态特征对生物活动及人类活动影响的科学。它以生态学的理论框架为依托，吸收现代地理学与系统科学之所长，研究景观的结构（空间格局）、功能（生态过程）和演化（空间动态），研究景观和区域尺度上的资源、环境经营管理。城市作为以人为主体的景观生态单元，建筑物群体构成了景观的主体。此外，城市中还分布着公园、绿地和其他一些常见的景观要素。景观生态学现在已被广泛应用于自然资源开发与利用、生态系统管理、自然保护区的规划与管理、生物多样性保护、城乡土地利用规划、城市景观建筑规划设计、生态系统恢复与重建等领域。

在传统的植物造景中，设计师大多依靠植物本身的形体、色彩等自然美学特性，结合乔木、灌木、草本植物以及藤本植物的多层复合结构的组合配置来营造景观，创造出供人们欣赏的优美的景观画面。随着景观生态园林学科研究的深入和发展，以及景观生态学和全球生态学等多学科理念的引入，植物景观的内涵也在不断丰富。生态园林的兴起，将园林从传统的游憩、观赏功能发展到维持城市生态平衡、保护生物多样性和再现自然的高层次阶段。生态园林继承和发展了传统园林经验，遵循生态学原理，建设多层次、多结构、多功能、科学的植物群落，建立人类、动物、植物相联系的新秩序，达到生态美、科学美、文化美和艺术美的共同显现。它应用系统工程发展园林，使生态、社会和经济效益同步发展，实现良性循环，为人类创造清洁、优美、文明的生态环境。因此，深入掌握生态学和生态园林城市的内涵，正确定位城市园林绿化的生态效益，才能使园林规划在符合美学性的同时，也符合和谐性和科学性。

关于植物造景的生态设计，可以简单地概括为在改善城市生态环境，创造融合自然的生态空间的基础上，运用生态学原理和技术，借鉴地带性植物群落的种类组成、结构特点和演替规律，科学而艺术地进行植物配置的一种方法。

3.3.2　基于景观生态学的植物配置原则

1. 生物多样性原则

生态型造景是按照生态园林中植物配置的原则，运用生态工程学原理建造各种类型和结构的，能够长期稳定共存的复层混交立体植物群落。它能恢复人与自然的和谐，充分发挥园林绿化的生态效益、景观效益、经济效益和社会效益，以

维持各方面效益的均衡发展。每一种植物群落应有一定的规模和面积，并具有一定的层次。群落的组合不是简单的乔木、灌木、藤本植物、草本植物的组合，应从自然界或城市原有的较稳定的植物群落中去寻找生长健康、稳定的组合，在此基础上结合生态学和园林美学原理建立适合城市生态系统的人工植物群落。因此，在植物配置中，设计师应尽量挖掘植物的各种特点，考虑如何与其他植物搭配。种植树种应考虑植物生态群落景观的稳定性、长远性、美观性，树种选择在生态原则的基础上力求变化，创造优美的林冠线和林缘线；要有足够的株行距，为求得相对稳定的植物生态群落结构打下基础，这也是可持续发展的需要；要充分发挥植物的生态修复功能，构建生态田园城市，体现植物配置"四季有景、三季有花"的季相更替效果。

2. 适地适树原则

园林植物的生存环境中包含着各种生物因子与非生物因子，它们错综复杂地交织在一起，直接或间接地影响着植物的生存。不同生长环境下的植物有着各自的生长气候类型、地理条件背景及其独特的植物群落关系，经过长期生长与周围的生态系统达成了良好的互利互补的关系。在进行植物造景设计时，需要清楚地认识植物的生长习性，如春羽喜阴，适合种植在背阴的底层；棕榈科植物喜阳，适合种植在日照时间较长的顶层。同时，在实际应用中应尽量避免大树移植，以免造成不必要的损失。

3. 植物搭配的艺术性原则

生态景观不是绿色植物的堆积，而是各类生态群落在审美基础上的一种升华配置，是"师法自然，而高于自然"的园林艺术价值的充分体现，必须做到科学性与艺术性的高度统一。植物景观配置应遵循统一变化、协调韵律、均衡层次、自然和谐四大基本原则。在植物景观设计中，要熟练掌握各种植物材料的观赏特性和造景功能，并对整个群落的植物配置效果进行整体把握。不同植物之间存在着很大的差异，不仅需要根据美学原理对植物的树形、色彩、线条、质地和比例进行合理配置，还要使它们之间保持一定的相似性，创造植物搭配的统一感，同时需要注重人的心理感受，体现植物配置以人为本的特性，让人们感受到植物的美。此外，还要对所营造的植物群落的动态变化和季相景观有较强的预见性，使植物在生长周期中"收四时之烂漫"，达到"隐现无穷之态，招摇不尽之春"的效果。

4. 园林植物与其他园林要素相协调原则

造园五要素（植物、山石、园路、园林建筑及构筑物、水体）是构成园林景观的重要因素，缺一不可。只有在进行植物搭配的同时思考其他要素的布局、尺度、造型、色彩以及环境关系，才能够营造出层次丰富、季相明显、生态稳定、科学合理的园林景观。

3.3.3　实际案例

1. 在自然资源开发与利用、生态系统管理以及城市景观设计方面的应用
（1）海绵城市的植物造景。

海绵城市是新一代城市雨洪管理概念，是指城市能够像海绵一样，在适应环境变化和应对自然灾害等方面具有良好的"弹性"。随着我国城市的快速发展，不少城市在大量修建地表工程的同时，对地下基础设施的建设重视不足，导致雨季城市洪水泛滥、水体恶臭、驳岸生态破坏严重等问题。海绵城市是以景观为载体的水生态基础设施，能解决雨水的调控问题，而城市中的植物在其中起到重要作用。植物在海绵城市中应用于绿色屋顶、雨水花园、下凹式绿地等生物滞留设施、植被浅沟、嵌草砖、雨水湿地、雨水塘和多功能调蓄设施等。以雨水花园为例，根据雨水花园中种植区不同的水淹情况，可将雨水花园种植区分为蓄水层、覆盖层、种植土壤层和过滤层（砂层和砾石层），如图 3-3 所示。植物在这些分区中的配置要充分考虑到不同植物的耐淹、耐旱特性。在进行雨水花园建造时，应首先选用乡土植物，适当搭配外来植物；其次选用根系发达、茎叶繁茂、净化能力强的植物；再次选用既可耐涝又有一定抗旱能力的植物，以及选择可相互搭配种植的植物，提高去污性和观赏性；最后应多利用香花植物。

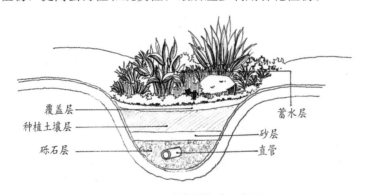

图 3-3　雨水花园构造示意图

案例一：丹麦轨道广场雨水花园

轨道广场位于丹麦奥尔堡市，是丹麦首批提升城市气候适应性区域的项目之一。为了应对洪涝灾害，丹麦开始采用可持续城市排水系统，这也是此项目的创新部分。如今项目已经成为一处碳平衡的城市区域，暴雨汇入低洼处和沟渠，减缓进入公共排水系统，能够帮助避免城市洪水泛滥，雨水管理系统融入城市总体规划中的各个部分和环节（如图 3-4 所示）。

图 3—4　丹麦轨道广场雨水花园

案例二：西昌万科 17 度雨水花园

西昌万科 17 度雨水花园的设计既能起到城市绿化、美化环境的作用，又能实现地表水的净化与循环利用，对于节约水资源有着重要意义（如图 3—5 所示）。

图 3—5　西昌万科 17 度雨水花园

在植物配置方面，首先应根据生态特性。主要考虑各自的生态位特征，让其各归其位，各司其职，形成稳定的生态群落。如花园的中心到边缘可分为蓄水区、缓冲区和边缘区（见表 3—2），在进行植物配置时，应根据其自身性能，从耐湿到不耐湿进行布置。其次应根据植物的去污特点。根据不同的污染源，配置不同的植物组团，进行有针对性的净化处理。最后应根据景观效果。用美学原理对植物进行合理配置，结合植物观赏特性以及乔木、灌木、草本地被复合种植，保证雨水花园的观赏性。

表 3－2　雨水花园植物选择

树种	布置区域	生长习性	植物
乔木	蓄水区	耐短期水湿及喜湿	垂柳、水杉、落羽杉、墨西哥落羽杉、湿地松、湿加松、枫杨、乌桕、重阳木、四季杨、中华红叶杨、三角槭、秋枫、朴树、桑树、柿树、香椿、刺桐、刺槐、槐树、栾树、青檀、楠木、香樟、枣树、紫叶李、蒲葵、棕榈、红千层、串钱柳、蓝花楹、红花羊蹄甲、木芙蓉、千层金
	缓冲区	中性植物	杜英、黄连木、红枫、乐昌含笑、木莲、木荷、女贞、枇杷、青冈、深山含笑、杉木、天竺桂、无患子、香花槐、银木、银桦、柚、樱花、皂荚、醉香含笑、茶梅、罗汉松、柑橘
	边缘区	不耐水湿	臭椿、鹅掌楸、枫香树、广玉兰、桂花、合欢、黑松、榉树、梨、梅花、泡桐、石榴、无花果、雪松、杏、西府海棠、银杏、榆树、玉兰、元宝槭、紫薇、梧桐、桃、垂丝海棠
灌木	蓄水区	耐短期水湿及喜湿	棕竹、棣棠、蚊母、双荚槐、枸骨、丝兰、水麻、小梾木、夹竹桃、迎春、黄常山、金丝桃、水蓼、秋华柳、笔子梢、细叶水团花、三角梅、锦绣杜鹃
	缓冲区	中性植物	木槿、海桐、小叶女贞、金叶女贞、扶桑、大叶黄杨、小叶栀子、小叶黄杨、含笑花、红花檵木、火棘、木本绣球、蝴蝶花叶青木、月季花、蔷薇、珊瑚树、戏珠花、鹅掌柴、变叶木、红背桂、南天竹、十大功劳、紫叶小檗、金边六月雪、萼距花
	边缘区	不耐水湿	紫荆、山茶、蜡梅、锦带花、茉莉花
草本地被	蓄水区	耐短期水湿及喜湿	春羽、海芋、花叶良姜、麦冬、鸢尾、蝴蝶花、吉祥草、鸭跖草、美人蕉、石菖蒲、狗牙根、野古草、牛鞭草、苔草、甜根子草、卡开芦、野牛草、细叶芒、花叶芒、斑叶芒、狼尾草
	缓冲区	中性植物	萱草、葱莲
	水域区	喜水湿挺水植物	菖蒲、梭鱼草、再力花、千屈菜、风车草、灯芯草、芦竹、花叶芦竹、芦苇、蕺草、慈姑、马蹄莲、香蒲、水葱、泽泻、茭白、花菖蒲、黄菖蒲、薏苡

（2）低碳城市建设。

城市绿化建设是城市建设的重要部分，而城市园林植物景观是城市绿化建设的基本组成部分。它不仅承担着为城市居民提供休闲、健身、观光绿色环境空间

场所的重要责任，也起着调节城市气候、改善生态环境、降低热辐射、增加湿度、减少噪声、释放氧气等重大作用，还有不容忽视的固碳功能。城市园林中植物的应用与人类的生活有着密不可分的联系，它产生固碳效益，是实现城市生态系统良性发展，改善城市环境的基础。目前，实现城市园林低碳效益的最大化，追求高品质、高生态效益，打造低碳城市园林绿化景观，是园林设计师在新时期面临的新挑战。要做好城市园林建设，植物景观设计是关键环节。低碳理念下的城市园林植物景观设计在满足景观的美观、实用功能要求的同时，能够实现低污染、低排放、低耗能、高碳汇，提高了可再循环使用率。此外，城市用地资源相对紧张，但是城市却是碳排放最集中的地方。园林植物景观应用在城市内部相对狭小的空间里，需要在低碳理念指导下，科学合理利用植物资源，精心选择、合理配置、丰富空间层次，提高碳汇功能。

在进行植物配置时应注意以下四点：

第一，适地适树，选择固碳释氧能力强的乡土树种；

第二，改善植物配置方式，增加绿量，提升园林植物整体的碳汇功能；

第三，大力发展耐旱树种和节水植被；

第四，注重城市三维绿化，增加绿量和植物固碳能力。

2. 在生态系统恢复与重建方面的应用

（1）森林生态修复。

森林的生长周期较长，森林火灾后植被恢复时间较长，尤其是面积大且强度高的森林火灾，过火区受损严重，火烧迹地分散分布，面积核查难度大且区域内的植被难以恢复成原有结构类型，在一定时期内，灌丛或其他地物类型将成为主要的植被演替类型。西昌泸山 2020 年森林火灾过火面积 3047.78 hm²，其中林地面积 3031.39 hm²，非林地面积 16.38 hm²。过火森林面积中，重度损毁面积 644.25 hm²，占过火森林面积的 40%；中度损毁面积 585.67 hm²，占过火森林面积的 37%；轻度损毁面积 351.94 hm²，占过火森林面积的 22%；未受损面积 12.01 hm²，占过火森林面积的 1%。经估算，此次森林火灾受害林木为 1636114 株，占泸山过火林木株数的 60%，主要分布在泸山靠邛海一面和周边居民区附近，树种以云南松和直杆蓝桉为主。其中，云南松 485.2 hm²（占 35%），直杆蓝桉 388.7 hm²（占 28%），柏木 62.5 hm²，栎类 41.6 hm²，其他 404.3 hm²。在进行植被恢复时，考虑不同的立地类型和火损程度，分别选择相应的措施，具体见表 3-3、表 3-4。

表3-3 西昌市泸山不同立地类型植被恢复方式

立地类型	恢复特点	恢复措施
上部+阳坡+陡坡	在整个泸山生态修复中难度最大,以恢复植被盖度、防止水土流失、防风护林为培育目标	植被选择应以防风抗旱为主,苗木应选择较小规格,适当提高土球直径,加强防风措施,提高灌溉次数,采用客土、施用保水剂等措施,确保苗木成活。该恢复方式应尽量配置针阔混交林,局部区域可配置抗旱树种纯林或者灌木林
上部+阴坡+缓坡	该区域土壤条件相对较好,但受风力影响较大	以针叶树种为主,间隔种植阔叶树种,常绿树种与落叶树种协调搭配,营造良好的森林景观。该恢复方式应尽量配置针阔混交林,局部区域可配置抗旱树种纯林
下部+阳坡+陡坡	泸山下部山体森林培育的重要区域,需加强水肥管理,适度增加灌溉频率,促进林木尽快郁闭成林,提高泸山森林结构的稳定性和多样性	以阔叶树种为主,间隔种植针叶树种,同时为营造较好的森林景观效果,应适当选择观花、观叶效果较好的树种,常绿树种与落叶树种协调搭配
下部+阴坡+缓坡	该区域是植被恢复较为有利的区域,应以培育高品质森林、提高泸山生物多样性为目标	可选择规格相对较大的苗木,进行多物种混交,提高区域生物多样性。在植物配置过程中应适当添加彩叶树种,丰富森林景观。该恢复方式必须为混交造林。根据立地条件、培育目标和种间关系等,选择株间、行间、带状、群团状、块状等适宜混交方式形成混交林

表3-4 西昌市泸山不同火损程度植被恢复方式

火损程度	受损特点	恢复措施
重度+中度受损区域	该区域森林植被受损严重,植被恢复难度大,生物群落构建困难	采用新造林模式进行森林植被恢复,因地制宜栽植易于培养的乡土造林树种,对保存下来的活立木进行保护和改造,形成物种较为丰富、森林易于培育的林相结构,选取常绿和彩叶树种进行混交,呈自然式团状或带状配置,展示森林丰富而生动的色彩变化和季节更替,提高区域生物多样性
轻度+未受损区域	该区域森林植被受损较小,以林相改造方式进行植被恢复	在林间空地栽植阔叶乔木和其他针叶树种,在林下种植亚乔木、灌木以提高生物多样性,清除林内可燃物,改善林相结构

(2)矿山生态修复。

通过在矿山中种植植物来进行植被恢复,植物要选择本地物种和适宜的外来物种。通过植被恢复,不仅可以减少水土流失,还可以利用植物的富集、稳固和

根系过滤作用改善矿区的自然生态环境。在进行植被修复时，宜选择易生长、抗旱性强、耐贫瘠的植物，如可以选用草本植物和木本植物。在一些矿山的生态修复中，选用草木樨、紫苜蓿和白车轴草等豆科类草本植物，实现了对土壤基质的有效修复，提升了矿区内的土壤肥力。

（3）湿地生态修复。

植物的选择要遵循乡土性原则、保土保水性原则、科学性原则和抗逆性原则。乡土性原则要求优先考虑乡土植物。乡土植物对环境适应性强且种植成本低，有利于保护本土生物的多样性。保土保水性原则要求在植物的选择上多考虑根系发达的植物，有利于稳固土壤，吸收有害物质。科学性原则要求考虑水体的具体环境以及不同植物种类之间的协同和共生关系，在群落形态和植物种类选择等方面与原本环境中的植物群落接近。抗逆性原则要求所选植物具有耐寒、耐阴、抗旱的特性。应营造出良好的水体植物景观，为动植物提供适宜的生存空间。对于小微湿地景观修复，应选择修复能力强的植物。另外，工业污染和有机农药中含有重金属，居民生活污水和无机农药排放容易导致水体富营养化。因此，针对不同的污染类型，在植物的选择上应有区别。

人工湿地是由植物、微生物、基质和动物等构成的复合生态系统，在污水处理中具有成本低、运行费用低、效率高、管理方便和美观等优点。常见的湿地植物配置模式有以下几种：

驳岸边：①黄菖蒲（主要）＋睡莲＋狐尾藻；②荷花（主要）＋睡莲＋荇菜；③黄菖蒲（主要）＋再力花（主要）＋风车草＋睡莲＋狐尾藻；④梭鱼草（主要）＋慈姑＋狐尾藻；⑤梭鱼草（主要）＋芋＋慈姑＋花叶芦竹；⑥美人蕉（主要）＋花叶芦竹＋狐尾藻＋睡莲；⑦再力花（主要）＋美人蕉＋花叶芦竹（少量）＋狐尾藻；⑧风车草（主要）＋再力花＋肾蕨＋狐尾藻；⑨风车草（主要）＋千屈菜＋狐尾藻＋睡莲。

水中区域：①荷花（主要）＋睡莲；②菖蒲＋睡莲（主要）；③荷花＋再力花（主要）＋香蒲＋荇菜；④睡莲（主要）＋荇菜；⑤香蒲（主要）＋蘋＋狐尾藻。

第4章 园林植物的造景功能与配置原则

园林植物造景作为园林设计的一个重要内容，是在满足植物生态习性及符合园林艺术审美要求的基础上，把园林植物合理地搭配起来，组成一个相对稳定的人工栽培群落，创作出令人赏心悦目的园林景观。

4.1 景、景感和景的观赏

4.1.1 景

"景"在园林学上被称作风景、景致，是指在一定的条件下，由山水景物，以及某些自然和人文现象所构成的足以引起人们审美与欣赏活动的景象。景物、景感和条件是构成风景的三要素。景物是风景构成的客观因素、基本素材，是具有独立欣赏价值的风景素材的个体，包括山、水、植物、动物、空气、光、建筑以及其他诸如雕塑碑刻、胜迹遗址等有效的风景素材。景的名称多以景的特征来命名，以使景色本身具有更深刻的表现力和强烈的感染力而闻名天下，如桂林山水、黄山云海等。

4.1.2 景感

景感是风景构成的活跃因素，是人对景物的体察、鉴别和主观感受能力，如视觉、听觉、嗅觉、味觉、触觉、联想、心理等。大多数的景主要是看的，如苏堤春晓；有的景是听的，如风泉清听；有的景是闻的，如兰圃；有的景是品味的，如龙井品茶。不同的景会引发不同的感受。

4.1.3 景的观赏

景可供游览观赏，但不同的游览观赏方法会产生不同的景观效果，产生不同的景感。

1. 动态观赏与静态观赏

景的观赏可分为动态观赏和静态观赏。一般植物造景应从动和静两方面的要

求来考虑。在园林景观设计中，为了满足动态观赏的要求，应该安排一定的风景路线，每一条风景路线的分景安排应达到步移景异的效果，形成一个循序渐进的连续观赏过程。为了满足静态观赏的要求，可以在分景中穿插配置一些能激发人们进行细致鉴赏，具有特殊风格的近景、特写景等，如某些特殊风格和造型的植物，碑、亭、假山、窗景等。

2. 观赏点与景物的视距

游人观赏所在位置称为观赏点或视点。观赏点与景物之间的距离称为观赏视距。观赏视距是否适当与观赏的艺术效果关系很大。一般正常人的明视距离为25~30 cm，对景物细部能够看清的距离为30~50 m，能分清景物类型的视距为250~300 m，当视距在500 m左右时只能辨认景物的轮廓。因此，不同的景物应有不同的视距。

一般大型景物，合适视距约为景物高度的3.3倍，小型景物约为3倍。合适视距约为景物宽度的1.2倍。如果景物高度大于宽度，则依据垂直视距来考虑；如果景物宽度大于高度，则依据宽度、高度进行综合考虑。在花坛设计中，独立性花坛一般位于视线之下，当游人远离花坛时，所看到的花坛面积变小。不同的视角范围内其观赏效果是不同的，当花坛的直径为9~10 m时，其最佳观赏点的位置在距花坛2~3 m处；如果花坛直径超过10 m，则平面形的花坛就应该改成斜面的，其倾斜角度可根据花坛的尺寸来调整，但一般为30°~60°时效果最佳。

对于具有华丽外形的建筑，如楼、阁、亭、榭等，应该在建筑高度1~4倍的地方布置一定的场地，以供游人在此范围内以不同的视角来观赏建筑。一般平视静观的情况下，应以水平视角不超过45°，垂直视角不超过30°为原则。不同的垂直视角会形成不同的视觉效果，有平视风景、仰视风景和俯视风景三类。在纪念性园林中，一般要求其垂直视角相对要大些。特别是一些纪念碑、纪念雕像等，为增加其雄伟高大的效果，要求视距要小些，且把景物安排在较高的台地上，这样就更增加了其感染力。

4.2　园林植物造景功能

4.2.1　利用植物创造景观

植物在园林中具有生动、自然、多变的特点。由于植物是有生命的自然物，其本身具有很强的可塑性，在经过人为加工后极易与环境相协调，因此，植物在园林中承担了众多的造景角色。

1. 主景和配景

植物可成为园林空间构图中的主景，成为人们观赏的焦点。无论是草坪上的花坛，还是庭院中的孤植树，或是水中岛屿上的丛植树，只要布局合理，都可以成为园林风景构图中的主景。除主景以外的景物称为配景。配景也可能成为某一局部区域的主景，如图 4-1 所示。

图 4-1　棕榈群落形成的配景

主景是配景烘托的对象。突出主景的方法主要有以下五种：

（1）主景升高：主景升高，相对地使视点升高，看主景时要仰视，一般可以简洁明朗的蓝天远山为背景，鲜明地突出主景的造型、轮廓。

（2）面阳朝向：建筑物朝向以南为好，其他园林景物也是向南为好，这样各景物显得光亮，富有生气，生动活泼。

（3）运用轴线和风景视线的焦点：主景前方两侧常常进行配置，以强调主景，对称体形成的对称轴称为中轴线，主景总是布置在中轴线的终点。此外，也常布置在园林纵横轴线的交点，或放射轴线的焦点，或风景透视线的焦点。

（4）动势向心：一般四面环抱的空间，如水面、广场、庭院等，四周次要的景色往往具有动势，趋向于一个视线的焦点，主景宜布置在这个焦点上，如图 4-2 所示。

（5）空间构图的重心：主景布置在空间构图的重心处。规则式园林构图，主景常居于几何中心；自然式园林构图，主景常位于自然重心。

图 4-2　水边垂柳突出茅屋主景

2. 前景、中景和背景

主景和配景是构图中的主次之分，此外也有景的层次之分。就空间层次而言，景有前景（近景）、中景和背景（远景）。一般前景和背景是为了突出中景而设置的。中景也就是我们所说的主景，前景和背景则是我们所说的配景。这样的景富有层次，给人以丰富而不单调的感觉，如图 4-3 所示。而有时因不同的造景需要，前景、中景和背景不一定全部具备，如纪念性园林，需要主景气势宏伟庄严，一般以低矮的前景烘托即可，而背景则借助于蓝天白云，达到衬托造景的效果。

图 4-3　前景、中景和背景组成的多层次景观

3. 框景、夹景、漏景和添景

在人的视野中，四方围框而中间观景为框景。框景是中国古典园林中最富代表性的造园手法之一。框景多利用门窗洞、柱间、假山洞口等形成。中国传统园林在厅堂、穿廊等处的窗外不远处就是其他建筑的墙面，在这种情况下，常在窗外的白粉墙前种上竹、芭蕉等植物，配上几块山石，构成一幅"无心画"，引起空间深远的错觉。

在人的视野中，两侧夹峙而中间观景为夹景。夹景多利用树干、断崖、墙垣、建筑等形成。夹景一般位于主景或对景前，起隐蔽视线左右两侧单调景色的作用，以突出轴线或端点的主景或对景，美化风景构图效果，具有增加景深的作用。

通过透漏空隙所观赏到的若隐若现的景物称为漏景。它是由框景发展而来的。区别是框景中的景色清楚，而漏景则比较含蓄雅致，有"犹抱琵琶半遮面"的感觉。漏景可以用漏窗、漏墙（如图4-4所示）、漏屏风、疏林等手法获得。疏透处的景物构设，既要考虑定点的静态观赏，又要考虑移动视点的漏景效果，以丰富景色的闪烁变幻情趣。例如，苏州留园入口的洞窗漏景、苏州狮子林的连续玫瑰窗漏景等。

图4-4　漏墙形成的若隐若现的景观

添景是在远方自然景观缺乏空间层次时，通过配置树木、花卉或建筑小品等添加过渡景观，使整体显得更有层次，突出了远景。

4. 借景、障景和对景

借景是有意识地把庭园外的景物"借"到庭院内视景范围中来，如图 4-5 所示。

图 4-5　园外借景的城市建筑群

障景是以遮挡视线为主要目的的景物。障景多由山石、树丛或建筑小品等构成，如图 4-6 所示。

图 4-6　竹丛构成的障景

从甲观赏点能观赏乙观赏点，从乙观赏点也能观赏甲观赏点的方法称为对景。对景包括两种形式：一是正对，是指在道路、广场的中轴线端部布置的景点或以轴线作为对称轴布置的景点；二是互对，是指在轴线或风景视线的两端设景，两景相对，互为对景。

4.2.2　利用植物创造空间

在园林的构成要素中，建筑、山石、水体都是不可或缺的，然而，缺少了植物，园林就不可能从宏观上做整体性的空间配置。利用植物的各种天然特征，如色彩、形态、大小、质地、季相变化等，可以构成各种各样的自然空间，再根据园林中的各种功能需要，与小品、山石、地形等相结合，就能创造出丰富多变的植物空间类型。在利用植物构成室外空间时，就像利用其他要素一样，设计者首先要明确设计目的和空间性质，然后才能相应地选取和组织设计所需要的植物。

1. 开敞空间

园林植物形成的开敞空间是指在一定区域范围内，人的视线高于四周景物的植物空间。一般低矮的灌木、地被植物、草本花卉、草坪可以形成开敞空间。在较大面积的开阔草坪上，除低矮的植物外，有几株高大的乔木点植其中，并不阻碍人们的视线，也称得上是开敞空间，如图 4-7 所示。开敞空间在开放式绿地、城市公园等园林类型中非常多见，如草坪、开阔水面等，视线通透、视野辽阔，容易让人心胸开阔、心情舒畅，产生轻松自由的满足感。

图 4-7　开敞空间

2. 半开敞空间

半开敞空间是指在一定区域范围内，四周不全开敞，用植物阻挡了人的部分视线，如图 4-8 所示。有时植物在冬季落叶后形成暂时的半开敞空间，如图 4-9 所示。根据功能和设计需要，开敞的区域有大有小。它也可以借助地形、山石、小品等园林要素与植物配置共同完成。半开敞空间的封闭面能够阻挡人的视线，从而引导空间的方向，达到"障景"的效果。比如从公园的入口进入另一个区域，设计者常会采用先抑后扬的手法，在开敞的入口某一朝向用植物小品来阻

挡人们的视线，使人们一眼难以穷尽，待人们绕过障景物，进入另一个区域，就会豁然开朗。

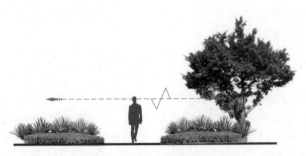

图4—8　半开敞空间

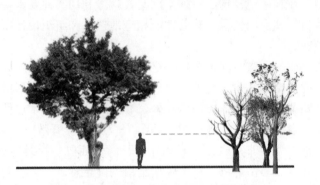

图4—9　只有在冬季才形成的半开敞空间

3. 封闭空间

封闭空间是指在一定区域范围内，四周用植物材料封闭，这时人的视距缩短，视线受到制约，近景的感染力加强，容易让人产生亲切感和宁静感，如图4—10、图4—11所示。小庭园的植物配置宜采用这种较封闭的空间造景手法，而在一般的绿地中，这样小尺度的空间私密性较强，适宜于人们独处和休憩。

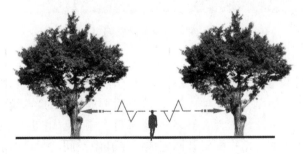

图4—10　封闭空间

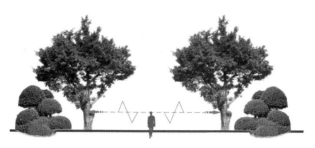

图 4-11　完全封闭空间

4. 覆盖空间

覆盖空间通常位于树冠下与地面之间，通过植物树干和树冠来形成空间感，如图 4-12 所示。高大的常绿乔木是形成覆盖空间的良好材料。此类植物不仅分枝点较高，树冠庞大，而且具有很好的遮阴效果，树干占据的空间较小，所以无论是一棵几丛还是一群成片，都能够为人们提供较大的活动空间和遮阴休息的区域。此外，攀缘植物攀附在花架、拱门、木廊等上生长也能够形成有效的覆盖空间。

图 4-12　覆盖空间

5. 垂直空间

用植物封闭垂直面，开敞顶平面，就形成了垂直空间，如图 4-13 所示。分枝点较低、树冠紧凑的中小乔木形成的树列、修剪整齐的高树篱都可以构成垂直空间。由于垂直空间两侧几乎完全封闭，视线的上部和前方较开敞，极易产生夹景效果，来突出轴线顶端的景观。狭长的垂直空间可以引导游人的行走路线，对空间端部的景物也起到了障丑显美、加深空间感的作用。纪念性园林中，园路两边常栽植高大挺立的松柏类植物，人在垂直的空间中走向目的地，瞻仰纪念碑，就会产生庄严、肃穆的崇敬感。

图 4-13　垂直空间

4.2.3　利用植物表现时空变化

　　园林空间是包括时间在内的四维空间。这个空间随着时间的变化相应地发生变化，主要表现在植物的季相演变方面。植物的自然生长规律形成了"春季繁花盛开，夏季绿树成荫，秋季红果累累，冬季枝干苍劲"的四季景象，由此形成了"春风又绿江南岸""霜叶红于二月花"的特定时间景观。随着植物的生长，植物个体也相应发生变化，由稀疏的枝叶到茂密的树冠，对园林景观产生了重要影响。根据植物的季相变化，把不同花期的植物搭配起来种植，使得同一地点的某一时期产生某种特有景观，给人不同的感觉。而植物与山水建筑的配合，也因植物的季相变化而表现出不同的画面效果。这比一个亭子建在那里，永远保持一种样子要好看得多。植物时序景观的变化极大地丰富了园林景观的空间构成，也为人们提供了各种各样可选择的空间类型。落叶树在春夏季节是一个覆盖空间，秋冬季节则变成了一个半开敞空间，阳光可以通过落叶树投射到地面，满足了人们冬季在树下活动、晒太阳的需要，如图 4-14、图 4-15 所示。

图 4-14　植物秋季景观

图 4-15 植物冬季景观

4.2.4 利用植物改造地形

　　园林中地形的高低起伏往往使人产生新奇感，同时也增强了空间的变化。利用植物能强调地形的高低起伏。高大的乔灌木种植于地形较高处能增加高耸的感觉，种植于凹处能使地形平缓，如图 4-16 所示。园林中有时要强调地形的起伏变化，常采用挖土堆山的方法。此举要耗费大量的人力、物力和财力，若能用植物来弥补地形变化的不足，则可达到事半功倍的效果。例如，南京市情侣园地形起伏变化不大，在略微突起的地面上栽植雪松，摆放山石，修筑小径，则可增强空间的变化，增添情趣。

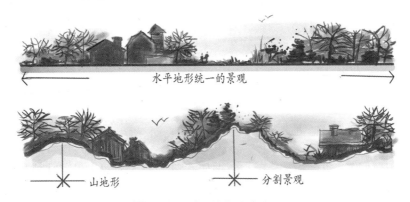

水平地形统一的景观

山地形　　　　　　　分割景观

图 4-16 利用植物改造地形

4.2.5 利用植物衬托软化生硬的建筑

　　园林中往往利用植物枝条的质感以及自然曲线来衬托人工硬质材料构成的规则式建筑形体，这种对比更加突出了两种材料的质感，如图 4-17 所示。现代园林中往往以常绿树作为雕塑的背景，通过色彩对比来强调某一特定的空间，加深人们对这一景点的印象。

图 4—17　利用植物衬托软化生硬的建筑

4.2.6　利用植物创造意境

植物不仅能令人赏心悦目，还可以创造意境。人们常借助植物抒发情怀，寓情于景。例如，以松柏苍劲挺拔、蟠虬古拙的形态来象征坚贞不屈的英雄气概，以蜡梅不畏寒冷、傲雪怒放来比喻刚毅的性格。园林绿地可以借鉴植物的这一特点，创造有特色的观赏效果。有时，在园林意境的变化中，最佳状态的出现是短暂的，即《园冶》中所谓"一鉴能为，千秋不朽"。例如，杭州的平湖秋月、断桥残雪，扬州的四桥烟雨等，只有在特定的时间和特定的气候条件下，才能达到展现主题意境的最佳状态。这些展现主题意境最佳状态的出现从时间上来说虽然短暂，但却给人留下了深刻的印象。

4.3　园林植物配置原则

园林植物景观效果和艺术水平的高低在很大程度上取决于园林植物的配置。有的植物一年中仅有一段时间有景观价值，或者开花期，或者结果期，如樱花在春季开花时十分耀眼，紫荆在春季叶芽开放前枝条和树干都被紫色花覆盖，给人留下深刻印象。有的种类一年中产生多种景观效果，如七叶树的春花和秋季的黄色树冠均富有景观性，忍冬初夏有大量黄色花，秋季有橙色、红色果。因此，应从不同园林植物特有的景观效果来考虑园林植物的配置，以便创造优美、长效的园林景观。

4.3.1 园林植物的选择

1. 以乡土植物为主，适当引进外来植物

乡土植物是指原产于本地区或通过长期引种、栽培和繁殖已经非常适应本地区的气候和生态环境，生长良好的一类植物。在保证植物种类多样化的基础上，应优先选择乡土植物。乡土植物与外来植物相比具有适应性强、繁殖容易、应用范围广，安全、廉价、养护成本低，有明显的地方文化特色，有较高的推广意义和实用价值等优点，所以在配置植物时一般比例不少于 70%。

应该注意的是，外来植物的引进只是一个有益的补充，可以丰富当地的植物景观，不能盲目跟风，要谨慎引种，避免将一些入侵植物引入，危害当地植物的生存。

2. 以总体规划和基地条件为依据，选择适合的园林绿化植物

(1) 以总体规划为依据，满足城市绿地性质和功能的要求。

各细部景点的设计都要服从总体规划，植物景观的营建也要服从主体立意或为园林绿地的主要功能服务。比如，道路绿地应选择树干高大、树冠浓密、清洁无臭的树种；学校、医院附属绿地应选择有较好防护作用和消减噪声能力的植物，为满足安静休息需要，还要栽植密林；布置开敞空间及层次丰富的疏林时，则要选择姿态优美、色彩鲜明或花香果佳的植物。

(2) 适地适树，因地制宜。

在进行植物配置时，应该对当地的立地条件进行深入细致的调查分析，包括光照、气温、水湿、土壤、风力影响等，结合植物材料自身的特点和对环境的要求做出合理安排，使不同习性的植物都能茁壮成长，创造生机盎然的园林景观。一般来说，乡土植物更容易适应当地的立地条件，因而应注重开发和应用乡土植物，突出地域特色。

3. 速生与慢生、常绿与落叶、乔灌木与草本合理搭配

(1) 以速生树种为主，慢生、长寿树种相结合。

速生树种如杨树、桦树等短期内就可以成材，可快速达到园林绿化效果。但速生树寿命短，衰减快，对风雪的抗逆性差，这增加了施工和养护管理的负担，也对城市园林绿地植物多样性的稳定与持久产生了不利的影响。与之相反，慢生树种如檀香、银杏等生长缓慢，但寿命长，对风雪、病虫害的抗逆性强，更易于养护管理，与前者正好形成互补。为达到快速且稳定的园林绿化效果，应该以速生树种为主，搭配一部分慢生、长寿树种，尽快进行普遍绿化；同时，要近期与远期结合，有计划、分期分批地用慢生树种替换衰老的速生树种。此外，在不同的园林绿地中，因地制宜地选择不同类型的树种是必要的，如行道树以速生树种为主，游园、公园、庭院绿地以慢生树种为主。

（2）合理搭配常绿植物、落叶植物、观花观叶植物。

四季常青是园林绿化普遍追求的目标之一。落叶乔木绿量大，寿命长，生态效益高，搭配一定数量的常绿乔木和灌木，可以创造四季有景的园林景观。对常绿树种的选择应做到因地制宜。南方地区气候条件好，常绿植物种类多，可以常绿树种为主；北方地区气候条件差，应以适应当地气候的落叶树种为主，适当点缀常绿树种，既可保持冬季有景，又能兼顾北方植物采光，塑造有地域特色的植物景观。

（3）合理搭配乔木、灌木、草本植物。

园林绿化中，乔木是骨架，花卉、灌木是点缀，草坪是背景。城市绿化应以乔木为主体，适当控制草坪的面积，采用乔木、灌木、草本植物相搭配的复层种植模式，形成多层次、立体的植被景观，构成稳定的生态植物群落。良好的复层结构植物群落能最大限度地利用土地和空间，使植物充分利用光照、热量、水源、土肥等自然资源，从而发挥出更大的生态效益。同时，复层结构植物群落能形成多样的小生境，为动物、微生物提供良好的栖息和繁殖场所，形成持续和稳定发展的循环生态系统。

4. 要有明显的季节变化

园林植物景观要避免单调、造作和雷同，形成春季繁花似锦、夏季绿树成荫、秋季叶色多变、冬季银装素裹的景观。按季节变化可选择树种有春季开花的迎春、榆叶梅、连翘、紫丁香、玉兰，晚春开花的蔷薇、玫瑰、棣棠，初夏开花的木槿、紫薇、叶子花，秋天观叶的枫香树、红枫、三角槭、银杏和观果的海棠、山里红、南天竹等，冬季翠绿的圆柏、龙柏、油松、棕榈。总之，要根据当地的气候类型，选择四季有景的树种。

5. 植物的花色、花期要互补与协调

园林植物的配置应在花色、花期、花型、树冠形状和高度、植物寿命和生长势等方面相互协调，如木绣球前种植美人蕉，樱花树下种植万寿菊和偃柏，可达到三季有花、四季常青的效果。同时，还应考虑到每个组合内部植物的构成比例及这种结构本身与游览线路的关系。

4.3.2 植物配置的总体原则

1. 生态优先原则

植物配置应遵循生态学原理，在充分掌握植物的生物学、生态学特性的基础上，合理布局、科学搭配，形成结构合理、功能健全、种群稳定的乔灌草复层结构植物群落。植物配置既要充分利用环境资源，又要形成优美的景观，创造植物与植物、植物与环境、植物与人和谐的生态关系，使人在植物构成的空间里能够感受生态，享受生态，理解和尊重生态。

2. 以人为本原则

人是城市空间的主体，任何景观设计都应以人的需求为出发点，体现对人的关怀。城市景观设计的最终目的是满足人们在城市环境中的生存与发展需求。身处现代社会中的都市人，生活节奏快，工作压力大，他们渴望在喧嚣的城市中能有一个让人亲近自然、感受自然、放松身心的环境，所以现代园林不应是只供欣赏、只可远观的艺术品，而是要把满足人的需求作为首要目标，为人提供一个亲近自然、优雅舒适的休闲环境。在进行植物配置时，首先应当充分考虑园林绿地的功能，如观赏、娱乐、生产、防护等，满足人们的使用需求。其次，应该考虑到人对环境的心理需求，如私密感、安全感、稳定感、开放感，通过合理的植物配置使人与环境达到最佳的互适状态。最后，植物景观不能仅仅局限于实用功能，还应该满足人们的审美要求以及追求美好事物的心理，让人们在美好的环境中放松心情、陶冶情操。

3. 文化原则

园林艺术通过对植物的造景应用体现着城市的历史文脉，是城市精神内涵的重要表达形式。植物配置的文化原则，是指在特定的环境中，通过各种植物配置使园林绿化具有相应的文化气氛，形成不同种类的文化环境型人工植物群落，使人们产生各种主观感情与客观环境之间的景观意识，即所谓的情景交融。园林中草长花开、流红滴翠，漫步其间，人们不仅可以感受到花草芬芳和悠然的天籁，而且可以领略到清新隽永的诗情画意，使有不同审美经验的人产生不同的意境。李清照的诗句"暗淡轻黄体性柔，情疏迹远只香留。何须浅碧深红色，自是花中第一流"，李白的诗句"安知南山桂，绿叶垂芳根"，体现出桂花的形态、香味，蕴藏着隐逸高贵的意境之美。利用园林植物进行意境创造是中国传统园林的典型造景风格和宝贵的文化遗产，我们应该挖掘整理并发扬光大。在现代园林中，植物意境美的创造并不是鼓励建造古典园林，它应该被赋予新的时代意义。在现代城市建设中，植物配置应多赋予草木以情趣，使人们更乐于亲近自然、享受自然，使生活更加丰富多彩。

第 5 章　园林植物配置的基本形式

　　园林植物的配置形式千变万化，有多种多样的组合与种植方式。按种植的平面关系及构图方法分，园林植物配置有规则式、自然式和混合式三种类型。自然式配置要求反映自然界中植物的群落美。树木多选用树形或树体部分美观或奇特的树种，以不规则的株行距配置成各种形式，主要有孤植、丛植、群植和林植等。花卉以花丛、花境为主。中国古典园林、城市较大公园和风景区大部分区域的植物都采用自然式配置。规则式配置以中轴线对称的方式应用，树木配置以等距行列式、对称式为主，一般在建筑物前、入口或主干道路两侧采用这种配置方式。花卉通常应用在以图案为主的花坛和花带，有时布置成较大规模的花坛群或在路边配置成花境。混合式配置主要指规则式、自然式交错混合运用，设计强调传统的艺术手法与现代形式相结合。

　　园林植物配置的三种类型具体体现为孤植、对植、丛植、列植、群植、林植、篱植，以及花坛、花境等不同栽植方式的组合应用。

5.1　树木的配置形式

5.1.1　孤植

　　孤植是指乔木或灌木孤立地种植，但这并不意味着只能栽一棵树。为增强其雄伟感，通常 2～3 株同种树紧密地栽在一起，形成一个单元，但株距一般不超过 1.5 m，远看起来和单株效果相同。

　　1. 功能

　　孤植树作为园林绿地空间的主景树、遮阴树、目标树等，用以反映自然界中个体植株充分生长发育的景观，突出个体美，如奇特的姿态、丰富的线条、浓艳的花朵、硕大的果实等，如图 5-1 所示。

图 5-1　水桥边的柳树孤植景观

2. 树种选择

(1) 形体大而美，树冠开阔，轮廓鲜明，姿态优美，树干挺拔，枝叶繁茂，雄伟壮观。

(2) 有特殊观赏价值，或花果繁茂，或秋叶鲜艳。

(3) 生长健壮，寿命长，能经受重大自然灾害，多选用乡土树种中久经考验的高大树种。

(4) 树木不含毒素，没有带污染性并易脱落的花果。常见的孤植树有银杏、槐树、榕树、香樟、凤凰木、柠檬桉、悬铃木、白桦、无患子、枫杨、七叶树、雪松、云杉、圆柏、枫香树、元宝槭、鸡爪槭、乌桕、樱花、紫薇、苏铁、梅花、广玉兰、柿树等。

3. 配置要求

(1) 种植地点应比较开阔，不仅要有足够的生长空间，而且要有比较合适的观赏距离和观赏点。

(2) 最好有天空、水面、草地等色彩既单纯又有丰富变化的景物环境作背景衬托，以突出孤植树在形体、姿态、色彩方面的特色。

(3) 种植在开朗的草地、河边、湖畔、高地、山冈上，也可在公园前广场的边缘，以及园林建筑组成的院落中。

(4) 在自然式园林中可作为焦点树、诱导树种植在园路或河道的转折处，假山蹬道口及园林局部的入口部分，诱导游人进入另一景区。

(5) 种植在花坛、树坛的中心，如图 5-2 所示。

图 5-2　建筑物前花坛中心的苏铁孤植景观

5.1.2　对植

　　对植是指在构图轴线两侧对称栽植大致相等数量或体量的植物，以达到均衡稳定的艺术效果。

　　1. 功能与布置

　　对植多应用在公园、大型建筑的入口两旁或蹬道石阶、桥头两旁，可发挥庇荫和装饰美化作用，在构图上形成配景和夹景，以增强透视的纵深感。

　　2. 树种选择

　　适宜作对植的树种要求外形整齐美观，同一景点树种相同或相近。常见的有苏铁、龙柏、南洋杉、云杉、冷杉、雪松、银杏、龙爪槐、棕榈类、白兰花、玉兰、桂花、大叶黄杨、石楠、水蜡树、海桐等。

　　3. 栽植方式

　　（1）对称栽植：采用树冠整齐的同一树种、同一规格的树木，按主体景物的中轴线作左右对称布置，如图 5-3 所示。

　　（2）非对称栽植：不对称，但均衡。自然式园林的入口两旁，桥头、蹬道石阶两旁，河道的入口两边，闭锁空间的入口两旁，建筑物的入口处，都需要有自然式的入口栽植和诱导栽植，如图 5-4 所示。

图 5—3 建筑物入口处的对称栽植景观

图 5—4 建筑物入口处的非对称栽植景观

5.1.3 丛植

丛植是指由 2～20 株乔木或乔灌木不等距地种植在一起形成树丛效果，多用于自然式园林，反映树木的群体美。

73

1. 功能与布置

树丛除作为组成园林空间构图的骨架外，还可作庇荫、主景、配景和诱导用。一般在公园入口、主要道路的交叉口、弯道的凹凸部分、草坪上或草坪周围、水边、斜坡及土岗边缘等处用作主景。树丛作为建筑物、雕塑的配景或背景，可突出主景的效果，形成雄伟壮丽的画面。对于比较狭长而空旷的空间或水面，用树丛做适当的分隔，可以增加景深，消除景观单调的缺陷，增加空间层次感。丛植树种要求在庇荫、树姿、色彩、气味等方面有特殊价值。

2. 类型

(1) 单纯树丛：庇荫用的树丛最好采用单纯树丛，一般不用灌木或少用灌木，通常以树冠开展的高大乔木为宜。

(2) 混交树丛：突出构图上的艺术性，主景宜用针阔叶混植的树丛，配置在大草坪中央、水边、河畔、岛上、土丘山冈上，或在庭园中与岩石组景设置在粉墙前，在走廊和房屋的角隅组成树石小景。主景的诱导多布置在入口、岔路口、道路弯曲部分，把风景游览道路固定成曲线，诱导游人按设计的路线欣赏丰富多彩的园林景色。也可作遮阴小路的前景，达到峰回路转又一景的效果。配景用的树丛多采用乔灌木混交树丛。

3. 配置形式

丛植的配置形式有二株式、三株式、四株式、五株式等。

(1) 二株式树丛。

二株树丛的配合中，既要有调和又要有对比，差别太大的两种树木不能配置在一起；最好采用同一树种，但在大小、形态、高低上又不能完全相同；栽植的距离要小于树冠。二株式树丛种植组合形式如图5-5所示。二株式柳树景观如图5-6所示。

图5-5　二株式树丛种植组合形式

图 5-6　二株式柳树景观

（2）三株式树丛。

三株树丛的配合中，如为同一树种，二株宜近，一株宜远，以示区别，近者宜曲而俯，远者宜直而仰。树木的大小、姿态要有对比和差异，不能栽植在一条直线上，也不能成等边三角形，距离要不等。最大的一株和最小的一株要靠近，而中等的一株要远些（如图 5-7、图 5-8 所示）。如果是两个不同的树种，最好同为常绿树或落叶树，同为乔木或同为灌木。最多也只能应用两个不同的树种，忌用三个不同的树种。

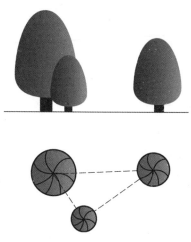

图 5-7　三株式树丛种植组合形式

图 5—8　三株式苏铁景观

（3）四株式树丛。

选择树种时，四株完全用一个树种，或最多应用两个不同的树种，且必须同为乔木或同为灌木。如果外观极为相似，则可以用两种以上。当树种完全相同时，在体形、姿态、大小、距离、高矮上应力求不同，栽植点标高也可以变化。

在栽植形式上，树种相同时，四株不能种在一条直线上，要分组栽植，但不能 2+2 组合，任意三株也不要栽在一条直线上。分为两组，即三株较近一株较远；分为三组，即二株一组，另一株稍远，再有一株远离些。在大小安排上，最大的一株要在集体的一组（如图 5—9 所示）。树种不同时，其中三株为一种，另一株为其他种。这另一株不能最大，也不能最小，不能单独种植，如图 5—10所示。

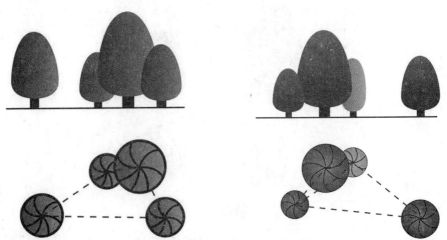

图 5—9　相同树种的四株式树丛种植组合形式　　图 5—10　不同树种的四株式树丛种植组合形式

（4）五株式树丛。

选择树种时，若五株用同一树种，则每株树的体形、姿态、大小、栽植距离都应该不同。最理想的方式为 3+2 组合，如果按大小分为 5 个号，三株的小组由 1、2、4 号组成，或由 1、3、4 号组成，或由 1、3、5 号组成。总之，主体必须在三株的一组中，其组合原则：三株的小组与三株的树丛相同，两株的小组与两株的树丛相同。但是，这两个小组必须各有动势，两组动势又须取得和谐。另一种方式为 4+1 组合，其中的单株树不能最大，也不能最小，最好是 2、3 号树种，两个小组相距不能过远，动势上要相呼应，如图 5-11 所示。

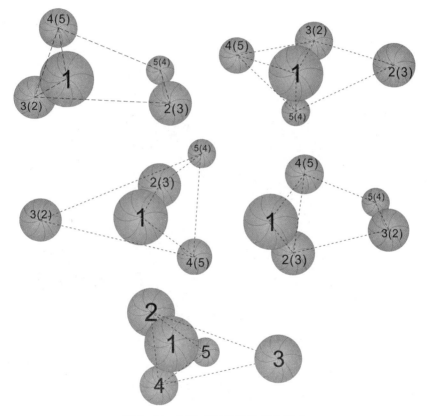

图 5-11 五株式树丛种植组合形式

若五株式树丛用两个树种，则一个种用三株，另一个种用两株，容易平衡。四株为一种，一株为另一种的方式一般不采用。

总之，树木的配置，株数越多越复杂。一株、两株是基本，三株是两株与一株的组合，四株是三株与一株的组合，五株则由两株与三株组合或四株与一株组合。理解了五株的配置原理，则六株、七株、八株、九株以此类推。《芥子园画谱》中说："五株既熟，则千株万株可以类推，交搭巧妙在此转关。"

5.1.4 列植

列植即行列栽植，是指乔木、灌木沿一定的方向（直线或曲线），按一定的株行距连续栽植。它是规则式种植形式。列植形成的景观比较整齐、单纯，气势宏大，韵律感强。

1. 功能与布置

列植在园林中可发挥联系、隔离、屏蔽等作用，可形成夹景或障景，多用在道路旁、广场、林带、河边（如图 5−12 所示），是规则式园林绿地中应用最多的一种栽植形式。

图 5−12　水杉列植景观

2. 树种选择

列植宜选用树冠比较整齐的树种，如圆形、卵圆形、倒卵形、椭圆形、塔形、圆柱形等，而不选用枝叶稀疏、树冠不整齐的树种。常用作列植的树种有无患子、栾树、银杏、槐树、白蜡、重阳木、三角槭、女贞、垂柳、龙柏、雪松、水杉、假槟榔、海枣等。

3. 注意事项

（1）株行距：列植的株行距取决于树种的特点、苗木规格和园林主要用途等。一般乔木为 3~8 m，甚至更大，灌木为 1~5 m。

（2）要处理好与其他因素的矛盾：列植形式常应用于建筑物、道路上下管线较多的地段，要处理好与综合管线的关系。道路旁建筑物前的列植树木，既与道路配合形成夹景，又要避免遮挡建筑物主体立面的装饰部分，如图 5−13 所示。

图 5－13　广场雕塑两边的列植树景观

5.1.5　群植

较大数量的乔灌木（20～30 株乃至数百株）按一定的构图方式栽植在一起称为群植。

1. 功能

树群所体现的是群体美，可作规则式或自然式配置，园林中可以作为主景或背景使用。两组树群相靠近可以形成漏景、框景。大规模的绿地还可以加强或削弱地势起伏的变化。

2. 类型

（1）单纯树群。

树群由单纯一个树种构成，为丰富景观，在树下可用耐阴的宿根花卉或小灌木作地被，如图 5－14 所示。

图 5－14　单纯树群景观

（2）混交树群。

混交树群是园林中树群的主要形式，所用的树种较多，能够使林缘、树冠形成不同的层次。混交树群的组成一般可分为四层。最高层是乔木层，应选阳性树，是林冠线的主体，要求有起伏的变化。乔木层下面是亚乔木层，应选中性树，要求叶形、叶色都要有一定的观赏效果，与乔木层在颜色上形成对比。亚乔木层下面是灌木层，在东、南、西三面外缘的向阳处以阳性灌木为主，而在北面应选中性或阴性灌木。最下面一层是耐阴的草本植物层，如图5-15所示。

图5-15　乔、灌、草结合的混交树群景观

3. 南方的配置模式

（1）芳香模式。

广玉兰/香樟/天竺桂+白玉兰/紫玉兰/桂花/紫薇/蜡梅+山茶/含笑花/栀子/月季花/火棘/麻叶绣线菊+草坪。这样配成的树群，广玉兰作背景，2月山茶先开；3月白玉兰的硕大白花，紫玉兰的紫色花更鲜明；4月中下旬麻叶绣线菊和火棘的白花和大红山茶形成鲜明对比；5月含笑花开花吐芳；6月紫薇开花；10月丹桂飘香，火棘的红果丰硕；12月蜡梅淡黄的花朵花香馥郁。这样，整个树群芳香宜人、繁花似锦、生气勃勃。

（2）彩色模式。

运用彩叶树种，如枫香树、银杏、元宝槭、黄连木、黄栌、槭树等群植，可形成优美的秋色。南京中山植物园的"红枫岗"，以黄檀、椰榆、三角槭为上层乔木，以鸡爪槭、红枫等为中层，林下种植花叶青木、吉祥草、土麦冬、石蒜等灌木和地被，景色十分优美，堪称经典。

5.1.6　林植

　　林植是指成片、成块大量栽植乔灌木，构成林地或森林景观。林植多用于大面积公园安静区、风景游览区或休疗养区及卫生防护林带。树林可分为疏林和密林两种。

　　1. 疏林

　　疏林是指郁闭度为 0.4～0.6 的树林。疏林是园林中应用最多的一种形式。游人的休息、游戏、阅读、摄影、野餐、观景等活动，总是喜欢在林间草地上进行。所以，疏林中的树种要具有较高的价值，树冠宜开展，树荫要疏朗，生长要强健，花和叶的色彩要丰富，树枝线条要曲折多变，树干要好看，常绿树与落叶树的搭配要合适，如图 5-16 所示。

图 5-16　乔、灌、草结合的疏林景观

　　2. 密林

　　密林是指郁闭度为 0.7～1.0 的树林。密林中阳光很少透入，土壤湿度很大。其地被植物含水量高，组织柔软、脆弱，经不住踩踏，不便于游人活动。密林适宜于在大规模地块上种植，如图 5-17 所示。

图 5-17　乔、灌、藤、草结合的密林景观

5.1.7　篱植

将树木密集栽种成长带状的种植形式称为篱植。篱植形成的长带状树木群体称为绿篱或绿墙。篱植是园林中比较常用的一种植物配置与造景方式。

1. 功能与布置

（1）防护：篱植最基本的功能，也是其最初的功能。例如，用刺篱、高篱或绿篱内加铁丝，可以作为机关单位、公共绿地、家庭小院的四周边界，起到一定的防护作用。现在还常常应用于高速公路的防护。

（2）分隔空间：在园林营造中，常用于分隔不同功能的园林空间，如综合性公园中的儿童游乐区、安静休息区、体育运动区等区与区之间或单个区的四周，避免互相干扰。

（3）组织游览路线：多用于道路两旁，有时也用乔木组成绿墙去遮挡游人的视线，把游人引向视野开阔的空间。三角梅组成的花篱也可用于组织游览路线，如图 5-18 所示。

图 5-18　三角梅花篱组织游览路线景观

（4）作为装饰图案：园林中经常用规整式的绿篱构成一定的花纹图案，如图 5-19 所示。一般装饰性矮篱选用的植物材料有红花檵木、金叶女贞、假连翘、黄杨、圆柏、日本花柏、雀舌黄杨等。

图 5-19　绿篱作为装饰图案景观

（5）作为背景：各种形式的绿墙可作为喷泉和雕像的背景。在一些纪念性雕塑旁栽植整齐的绿篱，给人一种庄严肃穆之感。在一棵古树旁栽植一排半圆形的绿篱，利于限制人的视野，使古树更加突出。

（6）美化挡土墙：各种绿地中，为避免挡土墙立面的枯燥，常在挡土墙的前方栽植绿篱，以美化挡土墙立面，如图5-20所示。

图5-20　野迎春美化挡土墙景观

（7）作为色带：在大草坪和坡地上可以利用不同的观叶植物，如红花檵木、紫叶小檗、金叶女贞、圆柏、红枫等，组成具有气势、尺度大、效果好的纹样，如图5-21所示。

图5-21　红花檵木作为色带景观

（8）构成夹景：园林中常在一条较长的直线尽端布置较别致的景物，以构成夹景。

（9）突出轮廓线：有些水池或建筑群具有丰富的外轮廓线，可用绿篱沿线栽植，强调线条的美感。

2. 绿篱的设计

（1）根据使用功能的不同，设计高度各异的绿篱。

矮篱：高度在 50 cm 以下。主要用途是围定园地和作为草坪、花坛的边饰。

中篱：高度为 50~120 cm。在园林建设中应用最广，栽植最多。

高篱：高度为 120~160 cm。常用来分隔空间、屏障山墙等不宜暴露之处。

绿墙：高度在 160 cm 以上。完全遮挡视线，防尘、降噪、分隔空间。

（2）利用不同的园林植物设计绿篱。

常绿篱：由常绿树组成，为园林中最常用的绿篱。主要树种有圆柏、侧柏、罗汉松、大叶黄杨、海桐、小叶女贞、小蜡、雀舌黄杨、金叶假连翘、金叶女贞、月桂、珊瑚树、红叶石楠、蚊母、棕竹、茶树、南方红豆杉、四川山矾、青冈等。

花篱：由观花树木组成，为园林中比较精美的绿篱，一般在重点地段应用。主要树种有桂花、栀子、雀舌花、含笑花、六月雪、野迎春、四照花、茶梅、杜鹃、溲疏、锦带花、木槿、粉花绣线菊、蔷薇、三角梅、贴梗海棠、日本海棠、棣棠、郁李、欧李、欧石楠等。

果篱：主要树种有小檗、枳、火棘、水枸子、平枝枸子、罗汉松、石楠、青木、卫矛、金橘、小紫珠、南天竹、荚蒾、枸骨、冬青、胡颓子、老鸦柿、秤锤树等。

彩叶篱：以彩色的叶子为主要特点，能显著改善园林景观，在少花的冬季尤为突出。叶黄色或具有黄、白色斑纹的有金叶桧、金黄球柏、金叶花柏、金叶女贞、金叶假连翘、金边黄杨、金心大叶黄杨、黄脉金银花、金叶小檗等；叶红色的有红花檵木、红叶石楠、紫叶小檗、红桑等。

刺篱：有些植物具有叶刺、枝刺或叶本身呈刺状。主要树种有枸骨、欧洲冬青、十大功劳、阔叶十大功劳、小檗、刺柏、枳、柞木等。

蔓篱：主要树种有叶子花、七姊妹、藤蔓月季、云实、金银花、茑萝、络石、木通、大花铁线莲等。

编篱：园林中常把一些枝条柔软的植物编织在一起，从外观上形成紧密一致的感觉，这种形式的绿篱称为编篱。主要树种有紫薇、杞柳、小叶女贞、木槿、紫穗槐、雪柳、连翘、金钟花等。

5.2 草本花卉的配置形式

草本花卉种类繁多，繁殖系数高，花色艳丽丰富。在城市园林植物景观中，常用各种草本花卉创造形形色色的花坛、花境、花台、花池和花箱，多布置在公园、交叉路口、道路广场、林荫大道、滨河绿地等景观视线集中处，起着美化装饰作用。草本花卉与地被植物结合，不仅能增强地表的覆盖效果，更能形成独特的平面构图。利用艺术的手法加以提炼，可以突出草本花卉在园林植物造景中的价值和特点。

5.2.1 花坛

1. 花坛的类型

花坛是在具有几何形轮廓的植床内种植各种不同色彩的观赏植物，以表现花卉群体美的园林设施。园林中采用的花坛样式多种多样，常见的有以下类型：

（1）按种植床的变化分。

①平面花坛：种植床面与地面平行，主要欣赏花坛的平面效果，如图5-22所示。

图5-22 平面花坛景观

②斜面花坛：种植床设置在斜坡或阶地上，也可布置在建筑物的台阶上，花坛表面为斜面，是主要的观赏面。

③立体花坛：种植床向空间延伸，具有纵向景观，利于四面观赏，将植物材料和雕塑结合，生动活泼、醒目突出，给人耳目一新的感觉，如图 5－23 所示。通过色彩和造型来表现，可以是模纹花坛，也可以是盛花花坛、混合花坛。

图 5－23　立体花坛景观

（2）按图案纹样分。

①盛花花坛：由观花草本植物组成，表现花朵盛开时群体的色彩美和图案美。

②模纹花坛：应用不同色彩的观叶或花叶兼美的植物来组成华丽精致的图案纹样，要求图案清晰，有较强的稳定性，最适宜居高临下观赏。图案的内容很多，大体有文字花坛、图案花坛、计时花坛等。亦可做成瓶饰、花篮、人物、宝塔、动物等造型。

③混合花坛：盛花花坛和模纹花坛同时在一个花坛内使用，兼有华丽的色彩和精美的图案。

（3）按布局和组合分。

①独立花坛：作为园林构图的一部分而独立存在，长短轴之比不大于 4∶1。通常布置在建筑前广场的中央、道路的交叉口，是由花架或树墙组织起来的中央绿化空间。平面呈对称的几何形，有的是单面对称，有的是多面对称。花坛内没有通路，游人不能进入，面积不能太大，如图 5－24 所示。

②带状花坛：长短轴之比大于 4∶1，在连续风景构图中作为主景或配景，设于道路的中央或两旁，作为建筑物墙基的装饰、草坪的边饰等。

图 5-24　独立花坛景观

　　③花坛群：两个以上的花坛组成一个不可分割的构图整体，在形式上可以相同，也可以不同。一般用于较大的广场、草坪，大型交通环岛，大型公共建筑的前方或是规则式园林的构图中心。花坛群内部的铺装场地及道路允许游人进入，大规模的铺装花坛群内部还可以设置座椅、花架以供游人休息，如图 5-25所示。

图 5-25　花坛群景观

2. 花坛的园林应用场所

（1）建筑前广场的中央，可打破建筑物造成的沉闷感，有很好的装饰效果。

（2）公园、风景名胜区，可美化环境，构成景点，吸引游人驻足观赏。

（3）建筑物墙基，喷泉、水池、雕塑、广告牌等的边缘或四周，可使主体醒目突出。

（4）交通环岛，可用来分隔空间和组织交通路线。

（5）商场、剧院、图书馆、办公楼等公共场合，可起到装饰环境的作用。

（6）开阔草坪、广场，可用来分割空间或组织游览路线。

3. 花坛设计的要点

花坛的设计包括花坛外形轮廓的设计，花坛高度的设计，花坛边缘的处理，花坛内部图案、色彩的设计，花坛植物的选择等。

（1）花坛的大小。

作为主景设计的花坛是全对称的，作为配景设计的花坛可以是单面对称的。设在广场的花坛，其大小应与广场的面积成一定的比例，一般不超过广场面积的 1/3，不小于广场面积的 1/10。独立花坛过大时，观赏和管理都不方便。一般花坛的直径都在 10 m 以下，过大时内部要用道路或草地分割构成花坛群。带状花坛的长度不应少于 2 m，也不宜超过 4 m，并在一定的长度内分段。

（2）花坛的高度。

凡供四面观赏的圆形花坛，栽植时一般要求中间高，渐向四周低矮，倾斜角为 5°～10°，最大为 25°，既有利于排水，又有利于增加花坛的立体感。倾斜角度小时，可选择不同高度的花卉来增加立体感。带状花坛可供两面观赏或单面观赏。花坛的高度视种植土厚度而异。

（3）花坛栽植床及边缘处理。

为了突出地表现花坛轮廓变化和避免游人践踏，花坛栽植床一般都高于地面 7～10 cm。为了便于排水，还可以把花坛中心堆高形成四面坡，一般以 5% 的坡度为宜。种植土厚度视植物种类而异，种植一年生花卉为 20～30 cm，多年生花卉及灌木为 40 cm。

花坛常用砖、卵石、大理石等建筑材料围边，也可就地取材，但形式要简单，色彩要朴素，以突出花卉的色彩美。一般高度为 10～15 cm，最高为 30 cm，宽度为 10～15 cm。还可以利用盆栽的花卉来布置花坛，优点是比较灵活，不受场地限制。

（4）花坛色彩设计。

花卉具有强烈的色彩效果，巧妙地利用色彩的对比度、色调差异，更能彰显花卉的艺术效果。同一花坛中的花卉颜色应对比鲜明、互相映衬，在对比中展示各自的色彩，同时避免同一色调中出现不同颜色的花卉。若一定要用，应间隔配

置，选好过渡花色。

花坛应有一种主色调花卉，其所占面积较大，而辅色调花卉所占面积则相对较小。一般采用色彩对比的手法配置，常常以浅色为底，红与黄两色对比效果较佳。从季节安排上看，蓝、绿等冷色调花卉给人一种平淡、凉爽、深远的感觉，而红、黄、橙等暖色调花卉则给人一种热烈、活泼的感觉，所以夏季应多用冷色调花卉，春、秋、冬季和节日宜用暖色调花卉。从周围环境来看，以绿色植物为背景的花坛应考虑色调鲜艳的花卉，同时兼顾绿色植物的花期与色彩，注意不与花坛色彩重复为好，使花坛真正达到在形式上与环境相一致，在内容上与形式相统一。

（5）花坛图案设计。

遵循艺术创作规律，精心筛选多样化且具有时代特征的表现题材，塑造典型形象和造型。一般而言，设计的图案要采用大色块构图，在粗线条、大色块中突出表现各种花卉的魅力和光彩，同时也使色彩得到强化，给观赏者带来视觉冲击。简单流畅的线条不仅可以给人轻松愉悦感，也能使色块搭配更和谐、自然，有时可以收到意想不到的效果。

（6）花坛植物的选择。

花坛植物的选择因花坛类型和观赏时期而异。

①花丛式花坛是以色彩构图为主，故宜选用1～2年生草本花卉，也可选用一些球根花卉，很少选用木本植物和观叶植物。在观花花卉中要求其具有矮生、开花繁茂、花期一致、花期较长、花色鲜明、移栽容易、花序高矮规格一致等特点。

南方不同季节常见的花坛植物有以下几种：

春季花坛：金盏菊、三色堇、雏菊、金鱼草、紫罗兰、福禄考、石竹、茼蒿菊。

夏季花坛：凤仙花、矮一串红、鸡冠花、夏堇、矮牵牛、美女樱、千日红、孔雀草。

秋季花坛：一串红、鸡冠花、凤尾鸡冠、孔雀草、万寿菊、旱金莲、地被菊。

冬季花坛：金盏菊、地被菊、寒菊、瓜叶菊、羽衣甘蓝、红甜菜。

②模纹花坛以表现图案为主，最好是选用生长缓慢的多年生观叶草本植物，也可以少量选用生长缓慢的多年生木本观叶植物，要求生长矮小、萌蘖性强、分枝密、叶子小，生长高度可控制在10 cm左右，不同纹样要选用色彩上有显著差别的植物，以求图案明晰。最常用的是各种锦绣苋、五彩苏和雀舌黄杨。

5.2.2　花境

花境是以多年生花卉为主，外沿呈带状，内部花卉栽植呈自然式块状混交，以模拟自然界林地边缘地带多种野生花卉交错生长的状态的一种花卉应用形式。

1. 花境的特点

（1）花境表现观赏植物本身所特有的自然美和植物自然组合的群体美，所以构图不是平面的几何图案，而是植物群落的自然景观。

（2）花境在设计形式上是沿着长轴方向演进的带状连续构图，平面轮廓与带状花坛相似，植床两边是平行的直线或有几何规则的曲线。

（3）花卉布置采取自然式块状混交，表现花卉群体的自然景观。

（4）花境是园林中从规则式构图到自然式构图的一种过渡的半自然式种植形式。

（5）花境所用的植物材料以能越冬的观花灌木和多年生花卉为主，要求四季美观又有季相交替，一般栽植后 3~5 年不更换。

2. 花境的分类

（1）单面观赏的花境：多布置在道路两侧，建筑、草坪的四周（如图 5－26 所示），应把高的花卉种植在后面，矮的花卉种植在前面。它的高度可以超过游人的视线，但不能超过太多。

图 5－26　单面观赏的花境

（2）两面观赏的花境：多布置在道路的中央，高的花卉种植在中间，矮的花卉种植在两侧。中间最高的部分不能超过游人的视线，只有灌木花境可以超过一些，如图 5-27 所示。

图 5-27　两面观赏的花境

（3）对应式花境：在公园的两侧、草坪中央或建筑物周围设置相对应的两个花境，在设计上作为一组景观统一考虑。多采用不完全对称手法，以求有节奏的变化。

3．花境的布置

（1）建筑物墙基前。

低矮的楼房、围墙、挡土墙、游廊、花架、栅栏、篱笆等构筑物的基础前都是设置花境的良好位置，作基础装饰，可以软化建筑物的硬线条，使建筑与地面的强烈对比得到缓和，应采用单面观赏的形式。

（2）道路两侧。

在道路两侧，每一边布置一列单面观赏的花境，花境的背景可为绿篱和行道树。

（3）与篱植配合。

在规则式园林中，将花境布置在绿篱的前方最为动人。花境可以装饰绿篱单调的基部，绿篱可以作为花境的背景，二者交相辉映。花境前配置园路，供游人游览欣赏。

（4）与花架、游廊配合。

花境最好沿着游人喜爱的散步路线去布置。花架、游廊等建筑物的台基一般都高出地面 30~50 cm，台基的正立面可以布置花境，花境外再布置园路。游人可以在台基上散步，欣赏两侧的花境。

（5）与围墙、挡土墙配合。

庭园的围墙和阶地的挡土墙，距离很长，立面简单，为了绿化这些墙面，可以运用藤本植物，也可以在围墙的前方布置单面观赏的花境，墙面可以作为花境的背景。在阶地挡土墙的正面布置花境，可以使阶地地形变得更加美观。

（6）宽阔的草坪上及树丛间。

宽阔的草坪上及树丛间最宜设置双面观赏的花境，以丰富景观、划分空间、增加层次，还可以组织游览路线。以草坪为底色，绿树为背景，形成蓝天、绿草、鲜花的美丽景致，如图 5-28 所示。

图 5-28　草坪中央的花境

（7）居住小区、别墅区。

在小的花园里，花境可布置在周边，依具体环境设计成单面观赏的花境、双面观赏的花境或对应式花境，如图 5-29 所示。

图 5-29　小花园路旁的花境

4. 花境的设计

(1) 植床设计。

植床多呈带状。长轴的长短取决于具体的环境条件。对于过长的花境,可将植床分为几段,每段不超过 20 m,段与段之间设座椅、园林小品、草坪等。要考虑长轴的朝向。对植床的宽度(短轴的长短)有一定要求,矮的花境可窄些,高的则宽些。过窄不易体现群落景观,过宽超出视觉范围,也不便于管理。植床可设计成平床或高床(高 30~40 cm),有 2%~4% 的坡度。

(2) 背景及边缘设计。

背景一般选用实际场地中的具体物体,如建筑物、围墙、绿篱、树墙、树丛、栅栏、篱笆等。如果背景的色彩或质地不理想,可在背景前选种高大的观叶植物或攀缘植物,形成绿色屏障,再布置花境。

花境的边缘确定了花境的种植范围。高床的边缘可用石头、碎瓦、砖块、木条等垒筑而成;平床的边缘可用低矮的植物镶边,其外缘一般就是道路或草坪的边缘,不用过分装饰。

(3) 植物选择。

①全面了解植物的生态习性,尤其是温度和光照,所选植物应当能在当地露地越冬。

②应根据观赏特性选择植物,注意它们的株形、株高、花期、花色、花型、质地等。应该有较长的花期,花期最好能分散于各个季节。花序既有竖向的,也有水平的,花色丰富。

③有较高的观赏价值，如花型奇特等。花境中常用的植物材料有月季花、杜鹃、山梅花、蜡梅、珍珠梅、郁李、麻叶绣球、黄花夹竹桃、棣棠、连翘、野迎春、三角梅、榆叶梅、美人蕉、花叶良姜、红花檵木、蜀葵、大丽花、金鱼草、飞燕草、鼠尾草、波斯菊、金鸡菊、福禄考、玉簪、萱草、蛇目菊、松果菊、紫菀、芍药、美女樱等。

5.2.3　花台、花池和花箱

1. 花台

花台是我国传统的花卉布置形式，其特点是整个种植床高出地面 40～100 cm，在空心台座中填土，其上栽种植物。花台因距地面较高，排水条件好，缩短了观赏视距，人们能近距离观赏到花卉的优美姿态，并闻到浓郁的香味。花台的布置宜高低参差、错落有致。一般在花台上栽种小巧玲珑、造型别致的植物，如松、竹、梅、紫丁香、铺地柏、芍药、牡丹、月季花、红枫等，还可以与假山、坐凳、墙基结合，作为大门旁、窗前、墙基、角隅的装饰。

2. 花池

花池是种植床和地面高程差不多的园林小品设施，边缘也用砖石维护，池中常灵活地种以花木或配置山石，如图 5-30 所示。它也是中国式庭院一种传统的花卉种植形式。

图 5-30　花池景观

3. 花箱

花箱是用竹、木、瓷、塑料制造的专供花卉、灌木使用的箱子。在城市园林中，可将花箱灵活机动地布置在室内、窗前、阳台、屋顶、大门旁、道路旁、广场中央等处，如图 5-31 所示。

图 5-31 花箱景观

5.3 地被植物的配置形式

地被是指以植物覆盖地表而形成的低矮植物景观。这些植物多具有一定的观赏价值及环保作用。紧贴地面的草皮，1~2 年生的草本花卉，甚至低矮、丛生、紧密的灌木均可用作地被。地被植物既是现代城市绿化造景的主要材料之一，也是园林植物群落的重要组成部分。多层次绿化，多种观赏植物的应用，使得地被植物在园林植物配置中的作用越来越突出。

5.3.1 地被植物的类型

1. 不同生态习性的地被植物

（1）喜光地被植物：在全光照下生长良好，在遮阴处生长不良，表现为茎细弱，节伸长，开花减少，长势不理想，如马蔺、松果菊、金光菊、常夏石竹、须苞石竹、火星花、金叶过路黄等。

（2）耐阴地被植物：在遮阴处生长良好，在全光照下生长不良，表现为叶片发黄、叶变小、叶边缘枯萎，严重时甚至全株枯死，如虎耳草、沿阶草、麦冬、鹅掌柴、花叶青木、十大功劳等。

（3）半耐阴地被植物：喜欢漫射光，全遮阴时生长不良，如常春藤、杜鹃、石蒜、阔叶麦冬、吉祥草等。

（4）耐湿类地被植物：在湿润的环境中生长良好，如溪荪、水竹、石菖蒲、茭白等。

（5）耐干旱类地被植物：在比较干旱的环境中生长良好，耐一定程度的干旱，如德国景天、宿根福禄考、百里香、苔草、半枝莲、垂盆草等。

（6）耐盐碱地被植物：在中度盐碱地上能正常生长，如马蔺、罗布麻、地肤等。

（7）喜酸性地被植物：如水栀子、杜鹃、山茶等。

2. 不同植物学特性的地被植物

（1）多年生草本地被植物：如多年生禾本草、二月兰、吉祥草、麦冬、紫堇、三叶草、石蒜、酢浆草、水仙、铃兰、葱莲等。

（2）灌木类地被植物：植株低矮，分枝众多，易于修剪造型，如八仙花、桃叶珊瑚、黄杨、铺地柏、连翘、红花檵木、彩叶红桑、鹅掌柴、南天竹、紫穗槐等。

（3）藤本类地被植物：耐性强，具有蔓生或攀缘特点，如爬行卫矛、常春藤、络石、地锦等。

（4）矮生竹类地被植物：生长低矮，匍匐性、耐阴性强，如翠竹、阔叶箬竹等。

（5）蕨类地被植物：耐阴耐湿性强，适合生长在温暖湿润的环境，如贯众、铁线蕨、凤尾蕨、肾蕨、巢蕨等。

3. 不同观赏部位的地被植物

（1）观叶类地被植物：叶色美丽，叶形独特，观叶期较长，如金边阔叶麦冬、紫叶酢浆草等。

（2）观花类地被植物：花期较长，叶色绚丽，如松果菊、大花金鸡菊、宿根天人菊等。

（3）观果类地被植物：果实鲜艳，有特色，如紫金牛、万年青、火棘、南天竹等。

5.3.2　配置原则

1. 因地制宜，适地适栽

要根据不同栽植地点光照、水分、温度、土壤条件的差异，选择相应的地被

植物种类，尽量做到适地适栽。例如，德国鸢尾应栽植在地势高的地方，蜀葵要栽植在通风条件好的地方，荷兰菊宜栽植在土壤贫瘠的地方，金鸡菊适于栽植在阳光充足的地方，紫萼、玉簪、蝴蝶花、萱草等适宜栽植在庇荫处。

2. 注意季相、色彩的变化与对比

地被植物种类繁多，色彩也极其丰富，花期有早有晚。要设计出很好的景观效果，除了应注意季相的变化，还要考虑到同一季节中彼此的色彩、姿态，以及与周围色彩的协调和对比。例如，在以红色为主调配置的同时，选用粉色的蛇鞭菊与粉色的大丽花搭配，能给人以协调、温馨的感觉；在叶色深绿的乔木下可栽植成片的叶色或花色较浅的植物，如桃叶珊瑚、萱草等。落叶的树林下可栽植常绿的地被植物，如麦冬、二月兰、洋甘菊，使其充满生机。

3. 与周围环境相协调，并与功能相符合

不同类型的绿地，其功能和要求不同，对地被的要求也不同。

（1）在居民小区和街心花园一般以种植宿根花卉为主，适当种植花灌木，易修剪造型、树姿优美的小乔木等来营造优雅的街区小景观。

（2）在房屋背阳处及大型立交桥下应该多选用耐阴地被植物，并与乔木的色彩和姿态搭配得当，如鹅掌柴、花叶青木、十大功劳、蕨类、葱莲、石蒜、玉簪等，使这些乔、灌、草一般难以生长良好的地方处处生机盎然。

（3）在林缘或大草坪上多采用花、枝、叶色彩变化丰富的品种，可用大量的宿根花卉及亚灌木整形成色块组图案，显得构图生动活泼而又大方自然。

（4）在较大的空旷环境中宜选用一些具有一定高度的喜光地被植物成片栽植，在空间有限的庭院中则宜选用一些低矮、小巧玲珑的半耐阴地被植物。

（5）在岸边、溪水旁宜选用耐湿类地被植物，如千屈菜、石菖蒲、水生鸢尾等。

4. 群落结构要层次分明

层次分明的植物群落，其艺术感染力强。在开阔地做复层配置造景时，如上层乔灌木不十分茂密，则下面的地被植物可适当高些；如上层乔灌木分枝点较低，则宜选用低矮的地被种类。这样层次清楚，绝不能主次不分、喧宾夺主。

5. 景观要有地方特色

地被植物的配置要遵守"立足本地，以乡土植物为主，适当引进外来新优品种"的原则，这样可建成有地方特色的园林植物景观。利用当地野生地被植物，如用野菊、虞美人、早熟禾搭配，体现出富有野趣的本地特色景观。常春藤中点缀鸢尾、葱莲，撒播马蹄金均能表现较好的观赏效果。

5.3.3　配置形式

1. 草坪地被

(1) 草坪景观既要统一，又要有变化。

虽然茵茵芳草地令人舒畅，但是大面积的空旷草坪也容易使景观单调乏味。因此，园林中的草坪应在布局形式、草种组成等方面有所变化，不宜千篇一律，可利用草坪的形状、起伏变化、色彩对比等形成丰富多彩的景观。例如，在绿色的草坪背景上点缀一些花卉，或通过一些乔灌木构成丰富的林缘线和林冠线，便会产生具有独特效果的草坪景观。当然，这种变化还必须因地制宜、因景而宜，做到与周围环境的和谐统一，如图 5-32 所示。

图 5-32　草坪景观

(2) 草种选择要适用、适地、适景。

草坪是主要用于游憩和体育活动的场地，因而应选择耐踏性强的草种，即为适用。不同草种所能适应的气候和土壤条件不同，因此必须依据种植地的气候和土壤条件选择适宜在当地种植的草种，即为适地。选择草种还要考虑到园林景观，如季相变化、叶姿、叶色、质感等，力求与周围景物和谐统一，即为适景。草坪草按生态类型一般分为以下两类：

①冷季型草：喜凉爽湿润，最适宜的生长温度为 15~25℃，如草地早熟禾、林地早熟禾、粗茎早熟禾、高羊茅、匍匐紫羊茅、硬羊茅、细羊茅、匍匐翦股

颖、细弱翦股颖、多花黑麦草、黑麦草等。

②暖季型草：最适宜的生长温度为 26～35℃，当温度在 10℃以下时出现休眠状态，如狗牙根、结缕草、钝叶草、假俭草、地毯草、野牛草等。

由于不同类型的草坪草适宜的生长温度不同，因而建植时间的选择也不同。冷季型草坪的建植时间多选择早春和秋季。春播草坪浇水压力大，易受杂草危害，相比而言，秋季建植时间更佳。在我国部分夏季冷凉干燥地区，夏初雨季来临前建植草坪效果也较好。暖季型草坪建植的最佳时间为夏季。

2. 路旁地被

路旁地被植物既要能体现道路景观，又要能体现季相变化，达到步移景异的效果。一般以多年生宿根花卉为主，同时注意高矮和色彩的和谐搭配。例如，用葱莲、鸢尾、鸡冠花、红花檵木、假连翘、沿阶草组成不同花色、花期、叶形的花境，与周围景物协调搭配（如图 5－33 所示）。在高速公路护坡地种植地被植物，要求能安全越冬，安全越夏，繁殖容易，生长快，便于管理，抗干旱力强，病虫害少等。

图 5－33　路旁的造型地被景观

3. 树下地被

行道树或树群下如果都是裸露的地面，可以选择种植地被植物。由于树木的遮挡，树下的环境属于半阳状态，应选择耐阴或者半耐阴地被植物。树下地被植物的配置要简洁，宜选用一种或者两种以上植物间隔配置的形式（如图 5－34 所示）。还应该考虑与灌木、乔木的色彩、形态搭配。地被植物覆盖树下裸露地面，增加了景观的色彩和造型变化，使人感到清新与和谐。常用的植物有玉簪、鸢尾、红叶石楠、麦冬、沿阶草、鹅掌柴等。

图 5-34　树下地被景观

4．大面积地被

一般设置在主干道、主要景区或大面积树林下。开阔地采用花朵艳丽、色彩多样的植物，以大色块、大面积的手法栽植成群落，如美人蕉、大丽花、万寿菊、向日葵、杜鹃、红花酢浆草、葱莲、过路黄、五彩苏等喜光地被植物（如图 5-35 所示）。如果树林的郁闭度较高，则选择一些能适应不同荫蔽环境的地被植物，如虎耳草、玉簪、鹅掌柴、桃叶珊瑚、杜鹃、紫金牛、八仙花、万年青、一叶兰、麦冬、吉祥草、活血丹等。

5．蔓生地被

攀缘的藤本植物一般都可以在地面横向生长，而且藤本植物枝蔓很长，覆盖面积能超过一般矮生灌木几倍，具有其他地被植物所没有的优势。现有的藤本植物可以分为木本和草本两大类。草本藤蔓枝条纤细柔软，由它们组成的地被细腻漂亮，如草莓、细叶茑萝等；木本藤蔓枝条粗壮，但绝大部分都具有匍匐性，可以组成厚厚的地被层，如常春藤、花叶常春藤、五叶地锦、山葡萄、金银花等。

6．山石和水池边地被

与山石配置的植物多数为藤本植物，但也可以是草本植物、灌木等，不过要

更加注重与周围环境的搭配。一般情况下，小型的山石都是放置在阳光充足的环境中，所以选择植物时应该选择喜光植物。除了考虑光照，还要考虑与山石的搭配，植物要耐干旱，如杜鹃、鸢尾等。在水池边，一般采用高大乔木作水池的背景，同时还要在周围留有一定的观赏场地，适当选择低矮、整齐的地被植物衬托主景，使主体更为突出。

图5—35 大面积观花地被烘托节日气氛

5.4 攀缘植物的配置形式

5.4.1 攀缘植物造景的优点

1. 丰富立面景观，装饰效果好

攀缘植物具有长的枝条和蔓茎、美丽的绿叶和花朵，借助吸盘、卷须攀登高处，或借助蔓茎向上缠绕与垂挂覆地，同时在它生长的表面形成了稠密的绿叶和花朵的覆盖层或独立的观赏装饰点，可丰富园林构图的立面景观，是一种非常优美的垂直绿化材料。

2. 经济利用土地和空间，成景快

攀缘植物不仅叶子好看，开花繁茂，花期较长，色彩艳丽，而且可以吐露芳香，如紫藤、金银花、三角梅等。攀缘植物在绿化上的最大优点在于它们可以经济利用土地和空间。据计算，把一幢五层楼房的墙面绿化起来，其植物景观覆盖面积为楼房占地面积的 3.4 倍。攀缘植物生长快,可以在较短时间内达到绿化效果,解决在城市某些局部建筑拥挤、空地狭窄,无法用乔灌木绿化的难题,增加了整个城市的绿量,改善了城市生态环境。

3. 生态作用明显

攀缘植物绿化建筑墙面后可以有效地降低夏季强烈阳光照射的房屋墙面,特别是向西的墙面的温度。沿街建筑的垂直绿化还可以吸收从街道传来的城市噪声,减轻尘沙对住宅的影响。覆盖地面的攀缘植物可以与其他园林覆盖植物一起起到水土保持的作用,增加园林地面景观。用攀缘植物来绿化山石,将会使枯寂的山石生趣盎然,大大提高其观赏价值。

4. 配置形式灵活多样

攀缘植物可以广泛应用于园林绿化,如挡土墙、围墙、台阶、坡地、入口处、灯柱,以及建筑的阳台、窗台、墙壁,丰富园林中的亭子、花架、石柱、游廊、高大古老死树等景观效果。

5.4.2 配置形式

1. 墙面绿化

攀缘植物绿化墙面可以遮陋透新,与周围环境形成和谐统一的景观。墙体绿化的手法可用于各种墙面,如挡土墙、桥梁、楼房等垂直侧面的绿化。在城市中,墙面的面积大,形式多样,可以充分利用藤本植物加以绿化和装饰,以柔化建筑物的外观。

在选择攀缘植物时,对于表面较粗糙的墙面,可选择枝叶较粗大的吸附种类,如地锦、常春藤、薜荔、凌霄、三角梅、金银花等,以便于攀爬;对于表面光滑细密的墙面,则宜选用枝叶细小、吸附能力强的种类,如络石、细叶茑萝等;对于表层结构光滑、材料强度低且抗水性差的石灰粉刷墙面,可选用藤蔓月季、木香、蔓长春花、野迎春等。有时为利于藤本植物的攀附,也可在墙面上安装条状或网状支架,并辅以人工缚扎和牵引。

2. 棚架式绿化

棚架式绿化是应用最广泛的攀缘植物造景方法,其装饰性和实用性很强,既可作为园林小品独立成景,又可以遮阴避阳,在空间组织方面,还可以起到分隔空间的作用。在现代园林中,棚架式绿化多用于庭院、公园、机关、学校、幼儿园、医院等场所,既可观赏,又可给人提供纳凉、休息的场所。

棚架式绿化可选用生长旺盛、枝叶茂密、开花观果的藤本植物,如紫藤、木香、藤蔓月季、十姊妹、油麻藤、炮仗花、金银花、三角梅、葡萄、丝瓜、猕猴桃、凌霄、铁线莲、使君子等,如图 5-36 所示。

图 5-36　月季花棚架式绿化景观　　　　图 5-37　三角梅篱垣式绿化景观

3. 绿廊式绿化

选用攀缘植物种植于廊的两侧，如葡萄、美叶油麻藤、紫藤、金银花、铁线莲、三角梅、炮仗花等，可形成绿廊、果廊、花门等装饰景观。也可在廊顶设置种植槽，使枝蔓向下垂挂形成绿帘。绿廊具有观赏和遮阴两种功能，还可在廊内形成私密空间，故应选择生长旺盛、分枝力强、枝叶稠密、遮阴效果好且姿态优美、花色艳丽的攀缘植物种类。在养护管理过程中，不要急于将藤蔓引至廊顶，注意避免造成侧方空虚，影响景观效果。

4. 篱垣式绿化

篱垣式绿化主要用于篱笆、栏杆、铁丝网、栅栏、矮墙、花格的绿化，既有形成绿墙和屏障的功能，又有防护和分割的作用。单独使用构成篱垣景观，不仅具有生态效益，而且富有生机，美观大方。篱垣高度较矮，因此几乎所有攀缘植物都可以使用，但在具体应用时应根据不同的篱垣类型选用不同的材料。比如在公园中，可利用富有自然风味的竹竿或造型各异的铁艺材料编制成各式篱架和围栏，配以茑萝、牵牛花、金银花、野蔷薇、云实等，结合周边环境，别具一番风味，如图 5-37 所示。

5. 立柱式绿化

城市的立柱主要有电线杆、灯柱、廊柱、高架公路立柱、立交桥立柱，以及一些大树、枯树的树干等。立柱式绿化是城市园林垂直绿化的重要内容。选择地锦、常春藤、三叶木通、南蛇藤、络石、金银花、凌霄、铁线莲、西番莲、蝙蝠藤、南五味子等观赏价值较高、适应性强、抗污染的攀缘植物对这些立柱进行绿化和装饰，可以收到良好的景观效果。造型上要注意控制生长势，适时修剪，避免影响供电、通信等设施的正常使用。

6. 假山、置石、驳岸、坡地及裸露地面绿化

攀缘植物附着于假山、石头上，能使山石生辉，更富自然野趣。利用攀缘植物点缀假山、置石等，应当考虑植物与山石纹理、色彩的对比和统一。若主要表现山石的优美，则可稀疏点缀茑萝、蔓长春花、小叶扶芳藤等枝叶细小的种类，让山石最优美的部分充分显露出来。如果假山之中设计有水景，在两侧配以常春藤、三角梅等，则可达到相得益彰的效果。若欲表现假山植被茂盛的状况，则可选择枝叶茂密的种类，如五叶地锦、紫藤、凌霄、扶芳藤等。利用攀缘植物攀缘、匍匐的生长习性，可以对陡坡形成良好的固土护坡作用，防止水土流失。攀缘植物覆盖裸露地面，可以形成具有自然情趣的观赏效果，如地瓜藤、紫藤、花叶常春藤、金脉金银花、地锦、铁线莲、络石、薜荔、小叶扶芳藤等。

7. 门窗、阳台绿化

门窗、阳台绿化要求较高的装饰性，利用植物柔蔓悬垂、绿意盎然、别具情趣的特点，可达到令人满意的观赏效果。随着城市住宅向高空发展，充分利用阳台空间进行绿化极为必要，既美化了楼房，又把人与自然有机地结合起来。适用的藤本植物有木香、牵牛花、木通、金银花、叶子花、葡萄、金樱子、花叶常春藤、蔷薇、地锦、络石、常春藤等。

5.5　棕榈植物的配置形式

5.5.1　棕榈植物的特点

1. 适应范围较大

棕榈植物包括苏铁科和棕榈科的全部树种。一般人认为棕榈植物只适合在高温潮湿的热带地区种植，其实不然，部分较耐寒的棕榈植物已被引至亚热带及温带地区种植及繁殖，并获得成功，如海枣、布迪椰子等。

2. 造景容易

高大的棕榈树种可达数十米，树姿雄伟，茎干单生，苍劲挺拔，加上叶形美观，与茎干相映成趣，可作主景树种；有些种类，茎干丛生，树影婆娑，宜作配景树种；低矮的种类，株型秀丽，宜栽种于盆中，作盆景观赏。棕榈植物可以孤植、列植或群植，广泛应用于道路、公园、庭院、厂区及室内盆栽绿化。

3. 形态优美，生命力顽强，容易种植

国际上早已广泛采用棕榈植物作为行道树、庭院树、室内摆设及游泳池边用树。棕榈植物的树干富有弹性，不易折断，不易掉叶，所以非常适合园林造景。

近几年，我国的广东、上海、昆明、成都等城市园林绿地中积极引种了很多棕榈植物，营造了许多优美的景观。棕榈植物几乎成了热带风光的标志，在植物造景的意境构思上，丰富了园林景观类型，既为设计者提供了极佳的素材，也为现代城市园林景观设计提供了更广阔的空间。

5.5.2 配置形式

1. 道路配置

棕榈植物树形美、落叶少，常用于城市的道路绿化，与道路附近的建筑物和其他公共设施配套。例如，大王椰子、假槟榔、董棕、海枣、蒲葵等独干乔木型种类，其树干粗壮高大、挺拔清秀、雄伟壮观，且树体通视良好，利于交通安全，可把它们列于道路两旁，分车带或中央绿带上，犹如队列整齐的仪仗队，具有雄伟庄严的气氛，如图5-38所示。在道路的交汇处及中央隔离带上可种植低矮的棕榈植物，如棕竹、美丽针葵等，既不妨碍司机及行人视线，也不会遮挡街景。同时，棕榈植物根系比许多常绿乔木浅，不会危及墙基及地下管线安全。

图5-38　道路旁丝葵列植景观

2. 公园配置

在公园里，棕榈植物可种植形成棕榈植物区、棕榈岛，或点缀于公园山石、门窗等景观之中。通常在公园中较开阔的地带选择适宜生长的棕榈植物种类，成片栽植具有热带、南亚热带绮丽风光的棕榈植物区（如图5-39所示）。在配置方式上，可以单独群植，也可以多种混植成主景。常选择的植物种类有假槟榔、大王椰子、蒲葵、海枣、丝葵、散尾葵、美丽针葵、金山葵、短穗鱼尾葵等。而在公园的山石、水旁、景墙、门窗前后可以点缀种植少量棕榈植物，既与原景匹配，又能增添生机。在这些区域一般选用较为低矮、秀丽的种类，如散尾葵、棕竹、美丽针葵等。

图5—39　布迪椰子、海枣形成的棕榈群落景观

3. 庭院配置

庭院配置范围包括居住区游园、宅旁绿地、公用事业绿地、公共建筑庭院及内庭等。在庭院绿化中，以短穗鱼尾葵、散尾葵、棕竹、袖珍椰子、三药槟榔等多干丛生型种类紧密种植成一道绿色屏障，用以分隔庭院空间，增加景观层次，还可以遮挡厕所、垃圾房等俗陋之处。通过遮和藏使建筑与绿化有机结合起来，可谓方法简便，效果美观。密植成绿墙，作为庭院中各类雕塑作品的背景，令主景雕塑跃然入目。以美丽针葵等仪态轻盈雅致的树种与各类景石组合，别具情趣。

4. 水边配置

棕榈植物秀丽多姿，树干富有弹性，不易折断，在庭院设计上常常被安排在海边、湖边，人们不仅可以欣赏到树冠的天际线，还可以欣赏到水中美丽的倒影，如图5—40所示。

5. 与其他植物搭配

棕榈植物与其他植物搭配运用必须相辅相成、互相配合，方能达到最佳的造景效果。如果只是追求时髦，孤立地选用棕榈植物，甚至将它与其他植物相排斥，不但得不到应有的效果，反而会弄巧成拙。棕榈植物如何与其他植物搭配，合情合理地表达设计的主题，其实并无定法，这种搭配往往是设计师思维和手法的体现，也是决定一个设计方案成败的关键。因地制宜、因时制宜是一个总的原则，只有根据实际情况来选择植物的搭配，才会取得最佳的景观效果，如图 5-41 所示。

图 5-40 大王椰子形成的水边群落景观

图 5-41 海枣、苏铁、花境的协调配置

第6章 城市道路、广场园林植物配置与造景

6.1 城市道路园林植物配置与造景

城市道路是指城市中供车辆、行人通行的，具备一定技术条件的道路、桥梁及其附属设施。城市道路园林植物配置与造景既要服从交通安全的需要，能有效地协助组织车流、人流的集散，同时也要起到美化城市、改善生态环境的作用。城市道路类型多样，除了城市快车道、慢车道、人行道、高架桥、轻轨铁路、高速公路，还有林荫道、滨河路、滨海路等。这些道路园林植物的配置与造景为城市创造了优美的街道景观，在提升城市形象的同时，也为居民提供了日常休息的场所。

6.1.1 城市道路分类

按照现代城市交通工具和交通流的特点进行道路分类，可把城市道路大体分为五类。

1. 快速干道

快速干道在特大城市或大城市设置。它是城市各区间较远距离的交通道路，联系距离为 10~40 km，设计行车速度为 60~100 km/h。行车全程为部分立体交叉，最少有四车道，外侧有停车道，自行车道、人行道也在外侧。

2. 主干道

主干道是大、中城市道路系统的骨架，是城市各用地分区之间的常规中速交通道路。其设计行车速度为 40~60 km/h，行车全程基本为平交，最少有四车道，道路两侧不宜有较密的出入口。

3. 次干道

次干道在工业区、仓库码头区、居住区、风景区以及市中心地区等分区内均存在。其共同特点是作为分区内部生活服务性道路，行车速度较慢，但横断面形式和宽度布置因"区"制宜。其设计行车速度为 30~50 km/h，行车全程为平交，最少有两车道。

4. 支路

支路是小区街坊内道路，是工业区、仓库码头区、居住区、街坊内部直接连接工厂、住宅群、公共建筑的道路，路宽与断面变化较多。其设计行车速度为 20~40 km/h，行车全程为平交，可不划分车道。

5. 专用道路

专用道路是城市交通规划考虑特殊要求的专用公共汽车道、专用自行车道、城市绿地系统和商业集中地区的步行林荫路等。

根据城市街道的景观特征又可把城市道路划分为城市交通性街道、城市生活性街道（包括巷道和胡同等）、城市步行商业街道和城市其他步行空间。

6.1.2　城市道路绿地断面布置形式

城市道路绿地是指红线范围之间的绿化用地，包括人行道绿带、分车绿带、交通岛绿地等。城市道路绿地表现了城市设计的定位。主干道的行道树和分车带的布置是城市道路植物景观的主要部分。进行城市道路植物造景设计前，首先要了解道路的等级、性质、位置及苗木来源、施工养护技术水平等情况，以设计出切实可行的方案。

城市道路绿地断面布置形式与道路性质和功能密切相关。一般城市中的道路由机动车道、非机动车道、人行道等组成。道路的断面形式多种多样，植物的景观形式也有所不同。我国现有道路多采用一块板式、两块板式、三块板式等，相应道路绿地断面出现了一板二带式、二板三带式、三板四带式、四板五带式等。

1. 一板二带式

此为城市道路绿地断面中最常用的一种形式。在车行道两侧人行道分割线上种植行道树，简单整齐，用地经济，管理方便。但当车行道过宽时行道树的遮阴效果较差，不利于机动车辆与非机动车辆混合行驶时的交通管理，如图 6-1 所示。

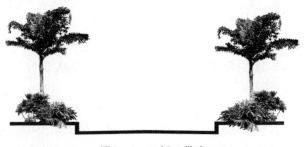

图 6-1　一板二带式

2. 二板三带式

在单向行驶的两条车行道中间分隔带进行绿化设计，并在道路两侧布置行道树构成二板三带式。这种形式适于宽阔道路，绿带数量较大，生态效益较显著，多用于入城道路，如图 6-2 所示。

图 6-2　二板三带式

3. 三板四带式

利用两条分隔带把车行道分成三块，中间为机动车道，两侧为非机动车道，连同车道两侧的行道树共有四条绿带。这种形式虽然占地面积大，却是城市道路绿地较理想的形式。其绿化量大，夏季遮阴效果较好，组织交通方便，安全可靠，解决了各种车辆混合互相干扰的问题，如图 6-3 所示。

图 6-3　三板四带式

4. 四板五带式

利用三条分隔带将车行道分为四块，而规划五条绿化带，使机动车与非机动车辆上行、下行各行其道，互不干扰，利于限定车速和交通安全。若城市交通较繁忙，用地又比较紧张，则可用栏杆分隔，以便节约用地，如图 6-4 所示。

图 6-4　四板五带式

5. 其他形式

按道路所处地理位置、环境条件等特点，因地制宜地设置绿带，如山坡、水道等的绿化设计。

6.1.3 城市道路园林植物配置原则

城市道路园林植物配置应统筹考虑道路的功能、性质、人行和车行要求、景观空间构成、立地条件，以及与市政公用及其他设施的关系。

1. 保障行车、行人安全

城市道路园林植物配置首先要遵循安全的原则，保证行车与行人的安全，注意行车视线要求、行车净空要求、行车防眩要求等。

（1）行车视线要求。

道路中的交叉口、弯道、分车带等的植物配置对行车的安全影响最大，这些路段的植物配置要符合行车视线的要求。比如，在交叉口设计植物景观时应留出足够的透视线，以免相向往来的车辆碰撞；在弯道处要种植提示性植物，起到引导作用。

①行车视距。

行车视距是指在机动车辆行驶时，驾驶人员必须能望见道路上相当的距离，以便有充足的时间或距离采取适当措施，防止交通事故发生，保证交通安全的最短距离（见表6-1）。

表6-1 平面交叉视距

计算行车速度（km/h）		100	80	60	40	30	20
行车视距（m）	一般值	160	110	75	40	30	20
	低限值	120	75	55	30	25	15

②停车视距。

停车视距是指机动车辆在行进过程中突然遇到前方路上行人或坑洞等障碍物，不能绕越且需要及时在障碍物前停车所需要的最短距离。当有人行横道从分车带穿过时，在车辆行驶方向到人行横道间要留出足够大的停车视距，此段分车绿带的植物种植高度应低于0.75 m。

③视距三角形。

当纵、横两条道路呈平面交叉时，两个方向的停车视距构成一个三角形。

进行植物配置设计时，视距三角形内的植物高度应低于0.7 m，以免影响驾驶员的视线。安全视距一般为30~35 m，如图6-5所示。

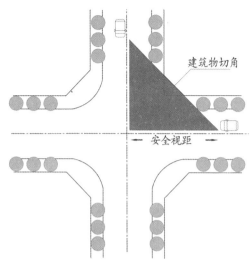

图 6－5　视距三角形示意图

（2）行车净空要求。

各种道路设计已根据车辆行驶宽度和高度的要求规定了车辆运行的空间。各种植物的枝干、树冠和根系都不能侵入该空间，以保证行车净空的要求。

（3）行车防眩要求。

在中央分车带上种植绿篱或灌木球，可防止相向行驶车辆的灯光照到对方驾驶员的眼睛而引起目眩，从而避免或减少交通意外。如果种植绿篱，参照司机眼睛与汽车前照灯高度，绿篱高度应比司机眼睛与车灯高度的平均值高，故一般采用 1.5～2.0 m。如果种植灌木球，种植株距应不大于冠幅的 5 倍。

2. 妥善处理植物景观与道路设施的关系

现代化城市中，各种架空线路和地下管网越来越多，这些管线一般沿城市道路铺设，因而易与道路植物景观产生矛盾。绿化树木与有关设施的水平间距见表 6－2。

表 6－2　绿化树木与有关设施的水平间距

设施名称	至乔木中心最小间距（m）	至灌木中心最小间距（m）
楼房	5.00	1.50
平房	2.00	—
地上杆柱	2.00	—
测量水准点	2.00	1.00
低于 2 m 的围墙	1.00	0.75
挡土墙顶内和墙角外	2.00	0.50

续表

设施名称		至乔木中心最小间距（m）	至灌木中心最小间距（m）
排水明沟		1.00	0.50
给水管线		1.50	1.00
污水管线、雨水管线		1.50	1.00
再生水管线		1.00	1.00
燃气管线	低压、中压	0.75	0.75
	次高压	1.20	1.20
电力管线	直埋	0.70	0.70
	保护管		
通信管线	直埋	1.50	1.00
	管道、通道		
直埋热力管线	热水	1.50	1.50
	蒸汽	2.00	2.00
管沟		1.50	1.00

注：摘自《城市道路绿化设计标准》（CJJ/T 75—2023）。

3. 近期与远期规划相结合

道路植物景观从建设开始到形成较好的景观效果往往需要十几年时间，因此要有长远的规划，并把近期与远期规划相结合。近期内可以使用生长较快的树种，或者适当密植，以后适时更换、移栽，充分发挥道路绿化的功能。

我国现行城市规划有关标准规定，园林景观路（林荫道）绿地率不得小于40%，红线宽度大于50 m 的道路绿地率不得小于30%，红线宽度为40~50 m 的道路绿地率不得小于25%，红线宽度小于40 m 的道路绿地率不得小于20%。但在城市旧城区要求植物景观宽度大多是比较困难的。旧城区路窄人多，交通量大，给植物景观营造造成了很大困难。新建区有较宽的绿带，形式也丰富多彩，既达到了功能要求，又美化了城市面貌。

4. 合理选择行道树

城市道路植物景观面貌主要取决于园林植物特别是行道树的选择。行道树种植于道路两边和分车带中，以美化、遮阴和防护为目的并形成景观。行道树的选择应遵循以下原则：

（1）能够适应城市街道特殊环境的要求，对不良环境因子有较强的抗性。要选择那些耐干旱瘠薄、抗污染、耐损伤、抗病虫害、根系较深、干皮不怕阳光曝晒、对各种灾害性气候有较强抵御能力的耐粗放管理的树种。

（2）方便行人和车辆行驶，不污染环境，因此要求花果无毒、无臭味、落果少、无飞毛。

（3）遮阴效果好，要求对行人、车辆有遮阴作用，而且能防止临街建筑被强烈西晒。遮阴时期的长短与城市纬度和气候条件有关。我国一般自 4~5 月至 8~9 月约半年时间内都要求有良好的遮阴效果，低纬度地区的城市则更长些。

（4）定干高度根据道路的功能要求、交通状况，道路的性质、宽度，距车行道的距离和树种的分枝角度确定。距车行道近的可定为 3.5 m 以上，距车行道远而分枝角度小的则可适当低些，但不要低于 2 m。苗木的大小视情况而定，一般选用速生树为行道树时，苗木胸径应在 5 cm 以上；选用慢生树为行道树时，苗木胸径应在 8 cm 以上。除此之外，对苗高、冠幅大小、净干高、分枝情况、采用假植苗还是容器苗等都要规范进行。

常用的行道树有悬铃木、银杏、槐树、毛白杨、白蜡、合欢、梧桐、银白杨、圆冠榆、榆树、旱柳、柿树、樟树、榉树、七叶树、重阳木、广玉兰、小叶榕、银桦、凤凰木、蓝花楹、相思树、糖胶树、宫粉羊蹄甲、木棉、蒲葵、丝葵、大王椰子等。

6.1.4 城市道路绿带的植物配置与造景

1. 人行道绿带的植物配置与造景

人行道绿带是指从车行道边缘至建筑红线之间的绿地，包括人行道和车行道之间的隔离绿地（行道树绿带）以及人行道与建筑之间的缓冲绿带（路侧绿带或基础绿带）。

行道树绿带的布置形式多采用对称式，两侧的绿带宽度相同，植物配置和树种、株距均相同。道路断面不规则或道路两侧绿带的宽度不同时，宜采用不对称布置形式。例如，山地城市或老城市道路较窄时采用一侧种植行道树，一侧设置照明路灯和地下管线的方式。在弯道上或道路交叉口，行道树的树冠不得进入视距三角形范围内，以免遮挡驾驶员视线，影响行车安全。

（1）行道树的配置方法。

在行道树的树种配置方式上，常采用的有单一乔木、不同树种间植、乔灌木搭配等。其中，单一乔木的配置是一种较为传统的形式，多用树池种植的方法，树池之间为地面硬质铺装。在同一街道采用同一树种、同一株距的对称方式，沿车行道及人行道整齐排列，既可起到遮阴、减噪等防护功能，又可使街景整齐而有秩序，体现整体美，尤其是在比较庄重、严肃的地段，如通往纪念堂、政府机关的道路上。若要变换树种，一般应从道路交叉口或桥梁等处变更。

（2）行道树的栽种要求。

①枝下高：行道树要有一定的枝下高（根据分枝角度不同，枝下高一般应在2.5~3.5 m 以上），以保证车辆、行人通行安全。

②株距：行道树株距大小要考虑交通、树种特性（尤其是成年树的冠幅）、苗木规格等因素，同时不妨碍两侧建筑内的采光。一般不宜小于4 m，如采用高大乔木，则株距应为6~8 m，以保证必要的营养面积，使其正常生长，同时也便于消防、急救、抢险等车辆在必要时穿行。

③树干中心至路缘石外侧距离：不得小于0.75 m，以利于行道树的栽植和养护。

2. 路侧绿带的植物配置与造景

路侧绿带是街道绿地的重要组成部分，在街道绿地中一般占有较大比例。路侧绿带常见的有三种情况：第一种情况是道路红线与建筑物重合，路侧绿带毗邻建筑物布设，即形成建筑物的基础绿带；第二种情况是建筑退让红线后留出人行道，路侧绿带位于两条人行道之间；第三种情况是建筑退让红线后在道路红线外侧留出绿地，路侧绿带与道路红线外侧绿地结合。

（1）道路红线与建筑物重合的路侧绿带。

在建筑物或围墙的前面种植草皮、花卉、绿篱、灌木丛等，主要起美化装饰和隔离作用，行人一般不能入内。设计时注意建筑物做散水坡，以利于排水。植物种植不要影响建筑物通风和采光，在建筑物两窗间可采用丛状种植，树种选择时注意与建筑物的形式、颜色和墙面的质地等相协调。建筑物立面颜色较深时，可适当布置花坛，取得鲜明对比。在建筑物拐角处，选择枝条柔软、自然生长的树种来缓冲建筑物生硬的线条。绿带比较窄或朝北高层建筑物前局部小气候条件恶劣、地下管线多、绿化困难的地带，可考虑用攀缘植物来装饰。

（2）建筑退让红线后留出人行道。

留出人行道的路侧绿带大多位于两条人行道之间。一般商业街或其他文化服务场所较多的道路旁设有两条人行道：一条靠近建筑物，供进出建筑物的人们使用；另一条靠近车行道，为穿越街道和过街行人使用。植物配置设计视绿带宽度和沿街的建筑物性质而定。

一般街道或遮阴要求高的道路，可种植两行乔木；商业街要突出建筑物立面或橱窗时，绿带设计宜以观赏效果为主，应种植矮小的常绿树、开花灌木、绿篱、花卉、草坪或设计成花坛群、花境等。

（3）路侧绿带与道路红线外侧绿地结合。

由于绿带的宽度增加，所以造景形式也更为丰富。一般宽达8 m就可设为开放式绿地，如街头小游园、花园林荫道等。内部可铺设游步道和供游人短暂休憩的设施，以提高绿地的功能和街景的艺术效果，但绿化用地面积不得小于该段绿地总面积的70%。

3. 分车绿带的植物配置与造景

分车绿带是车行道之间可以绿化的分隔带，包括快慢车道隔离带（两侧分车绿带）和中央分车带。

（1）分车绿带植物造景的原则。

①保证交通安全和提高交通效率。

②结合周边条件，塑造具有特色的道路景观。

③形式简洁、树形整齐、排列一致。

（2）分车绿带植物造景的要求。

①尺度要求。

分车绿带的宽度不一，窄的仅有 1 m，宽的可达 10 m 以上。我国各城市道路中的两侧分车绿带宽度一般不能小于 1.5 m，通常为 2.5~8.0 m。宽度大于 8 m 的分车绿带可作为林荫路设计。为了便于行人过街，分车绿带应进行适当分段，一般以 75~100 m 为宜，并尽可能与人行横道、停车站、大型商店和人流集中的公共建筑出入口相接。停靠站设在分车绿带上的，每个停靠站大约要留 30 m 长，在停靠站上需留出 1~2 m 宽的地面铺装为乘客候车时使用，绿带尽量种植能为乘客遮阴的乔木。

②安全要求。

被人行道或道路出入口断开的分车绿带，其端部应采取通透式栽植。通透式栽植是指绿地上配置的树木，在距相邻机动车道路面高度 0.9~3 m 的范围内，其树冠不遮挡驾驶员视线的配置方式。分车绿带上种植乔木时，其树干中心至机动车道路缘石外侧的距离不能小于 0.75 m。

③基础设施要求。

分车绿带会作为道路拓宽的备用地，同时是铺设地下管线，营建路灯照明设施、公共交通停靠站以及竖立各种交通标志的主要地带。

（3）中央分车带配置。

中央分车带的作用是阻挡相向行使车辆的眩光。在距相邻机动车道路面高度 0.6~1.5 m 的范围内种植灌木、灌木球、绿篱等枝叶茂密的常绿树，能有效阻挡夜间相向行驶车辆前照灯的眩光，其株距应小于冠幅的 5 倍。

中央分车带有以下几种种植形式：

①绿篱式：在绿带内密植常绿树，经过整形修剪，使其保持一定的高度和形状。

②整形式：树木按固定的间隔排列，有整齐划一的美感。

③图案式：将树木或绿篱修剪成几何图案，整齐美观，但需经常修剪，养护管理要求高。

（4）两侧分车绿带配置。

两侧分车绿带距交通污染源最近，其绿化所起的滤减烟尘、减弱噪声的效果最佳，并能对非机动车起到庇护作用。

两侧分车绿带常用的植物配置方式有以下几种：

①绿带宽度小于 1.5 m 时，绿带只能种植灌木、地被植物或草坪。

②绿带宽度为 1.5~2.5 m 时，以种植乔木为主。也可在两株乔木间种植花灌木，增加色彩，尤其是常绿灌木，可改变冬季道路景观。

③绿带宽度大于 2.5 m 时，可采取落叶乔木、灌木、常绿树、绿篱、草坪和花卉相互搭配的种植形式。

4. 交通岛绿地的植物配置与造景

交通岛在城市道路中主要起疏导与指挥交通的作用。交通岛绿地分为中心岛绿地和安全岛绿地。通过在交通岛周边合理配置植物，可强化交通岛外缘的线形，有利于诱导驾驶员的行车视线，特别是在雪天、雾天、雨天，可弥补交通标志的不足。

（1）中心岛。

通常以草坪、花坛为主，或以低矮的常绿灌木组成简单的图案花坛，外围栽种修剪整齐、高度适宜的绿篱。在面积较大的环岛上，为了增加层次感，可以零星点缀几株乔木。在居住区内部，人流量、车流量比较小，以步行为主的情况下，中心岛也可布置成小游园形式，增加群众的活动场地。位于主干道交叉口的中心岛因位置适中，人流量、车流量大，是城市的主要景点，可在其中以雕塑、市标、组合灯柱、立体花坛等为构图中心，但其体量、高度等不能遮挡视线。

（2）安全岛。

在宽阔的道路上，行人为躲避车辆需要在道路中央稍作停留，应当设置安全岛。安全岛除停留的地方外，其他地方可种植草坪，或结合其他地形进行种植设计。

5. 林荫道的植物配置与造景

林荫道是指与道路平行并具有一定宽度的带状绿地，也称为带状街头休息绿地。林荫道利用植物与车行道隔开，在其内部不同地段辟出各种不同的休息场所，有简单的园林设施，供行人和附近的居民作短时间休息。在城市绿地不足的情况下，可起到小游园的作用。

（1）林荫道的类型。

①设在道路中间的林荫道：道路两边为上、下行的车行道，中间有一定宽度的绿带，较为常见。

②设在道路一侧的林荫道：林荫道设在道路的一侧，减少了行人与车行道的交叉，在交通比较频繁的道路上多采用此种类型。这种林荫道有时也受地形影响而定。

③设在道路两侧的林荫道：设在道路两侧的林荫道与人行道相连，可以使附近居民不用穿过道路就到达林荫道内。此类林荫道占地过大，目前使用较少。

（2）林荫道植物配置的特点。

①林荫道设计中的植物配置，要以丰富多彩的植物取胜。道路广场面积不宜超过 25％，乔木应占 30％～40％，灌木占 20％～25％，草坪占 10％～20％，花卉占 2％～5％。南方夏季天气炎热，需要更多的庇荫常绿树，占地面积可大些。

②林荫道的宽度在 8 m 以上时，可考虑采取自然式布置；林荫道的宽度在 8 m 以下时，多按规则式布置。

③林荫道可在长 75～100 m 处分段设立出入口，各段布置应具有特色，但在特殊情况下，大型建筑附近也可以设立出入口。出入口可种植标志性的乔木或灌木，起到提示与标识的作用。在林荫道的两端出入口处，可使游步路加宽或铺设小广场，并摆放一些四季草花等。

④林荫道内，常需布置休息座椅、园灯、喷泉、阅报栏、花架、小型儿童游戏场等设施，以便居民使用。

⑤滨河路是城市临河、湖、海等水体的道路，由于一面临水、空间开阔、环境优美，常常可以设计成林荫道，是城市居民休息的良好场地。滨河林荫道的植物配置取决于自然地形的特点。如果地势有起伏，河岸线曲折，可结合功能要求采取自然式布置；如果地势平坦，河岸线整齐，与车道平行，可采取规则式布置。临水种植乔木，适当间植灌木，利用树木的枝下空间，让游人时不时观赏到水面景观。岸边设有栏杆，并放置座椅，供游人休息。若林荫道较宽，可布置园林小品、雕塑等。

6.1.5　西昌航天大道园林植物配置

1. 西昌航天大道概况

西昌航天大道东至阳光学校，西至马踏飞燕雕塑，全长 5541 m，道路红线宽度为 66 m，道路等级为城市主干道，设计车速为 60 km/h，道路控制宽度为 109 m。

2. 西昌航天大道道路绿地断面设计

西昌航天大道道路绿地断面设计如图 6-6 所示。

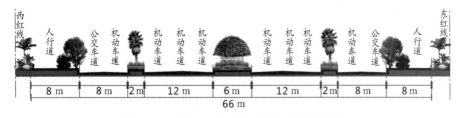

图 6-6　西昌航天大道道路绿地断面设计图

3. 西昌航天大道园林植物配置特色

（1）道路绿带。

①中央隔离带。

中央隔离带是西昌最具城市特色的道路绿化带，是西昌的城市名片。该隔离带采用藤蔓三角梅植物为花雕素材的手法，在道路中央营建花篮。由于西昌独特的光热条件，三角梅在西昌的花期长达300天，一年中不间断地开放，给城市注入了春天的气息。所以，西昌又被称作"一座春天栖息的城市"，可谓名副其实。2011年，西昌航天大道被评为四川最美街道。中央隔离带花篮和花篮之间有较大的间隔，两者之间有节奏地栽植小灌木，如南天竹、灰莉等。下部是由红花檵木和金叶假连翘修剪整齐，弧线造型的绿篱地被和天鹅绒草坪形成鲜明对比，显得协调、自然、美观、大方，如图6-7、图6-8所示。

图6-7　西昌航天大道中央隔离带景观

图6-8　西昌航天大道中央隔离带色块造型绿篱景观

②人行道绿带。

人行道绿带采用乔灌模式或乔草模式。乔灌模式上层乔木为小叶榕（或高山榕），下层灌木为小叶女贞、金叶假连翘；乔草模式，上层乔木为小叶榕，下层为黑麦草（或早熟禾、天鹅绒等），如图6-9所示。

图6-9   西昌航天大道两旁的人行道绿带景观

③快慢车道隔离带。

快慢车道隔离带更有韵律变化。在保证交通安全和提高交通效率的前提下，结合中央隔离带的景观，塑造快慢车道隔离带形式简洁、排列一致、树形美观、开花独特的景观效果。有节奏地配置蓝花楹（或天竺桂）和丝葵，采取4株蓝花楹（或天竺桂）、2株丝葵的单元重复模式，突出丝葵独特的景观效果。同时，在春季蓝花楹盛开蓝色花的季节与中央隔离带的三角梅花篮的紫红色花形成竞相开放之势，避免了整个街道呆板沉闷的树木种植样式，形成三季有花、四季有景的美丽道路景观，如图6-10所示。

图6-10   西昌航天大道快慢车道隔离带植物景观

（2）路侧绿带。

5 m 宽的路侧绿带与人行道相连，采取乔、灌、草群落配置方法，起到遮阴、美化装饰和隔离效果。一般采用的乔木有橡胶树、高山榕、黄葛树、香樟、天竺桂等，中下层灌木为红花檵木、南天竹、灰莉、小叶女贞、苏铁、金叶假连翘等，如图 6-11 所示。

图 6-11　西昌航天大道路侧绿带景观

（3）安全岛。

造型各异、配置自然的苏铁丛植景观构成安全岛，供行人暂时躲避车辆或在道路中央稍作停留，如图 6-12 所示。

图 6-12　西昌航天大道安全岛植物景观

6.2 城市广场园林植物配置与造景

城市广场作为城市重要的公共开放空间，是现代城市空间环境中最具公共性、最富艺术魅力，也是最能反映现代都市文明和气氛的开放空间。它在很大程度上体现一个城市的风貌，是展现城市特色的舞台，甚至可以成为城市的标志与象征。

6.2.1 城市广场的类型及植物配置特点

城市广场一般是指由建筑物、道路和绿化地带等围合或限定形成的开敞的公共活动空间，是人们日常生活和进行社会活动不可缺少的场所。广场的类型有很多，如集会广场、纪念性广场、商业广场、休闲广场、集散广场等。

1. 集会广场

集会广场一般都和大型政治性的活动联系在一起，具有一定的政治意义，因而绿化要求严整、雄伟，多采用对称式布局。在主席台、观礼台的周围，可重点布置常绿树，节日时可点缀花卉，如天安门广场。如果集会广场的背景是大型建筑，如政府大楼和商业大厦，则广场应很好地衬托建筑立面，丰富城市面貌。在不影响人流活动的情况下，广场上可设置花坛、草坪等。但在建筑前不宜种植高大乔木。在建筑两旁或广场周围种植庇荫树，避免广场过度暴晒。

2. 纪念性广场

纪念性广场中建有具有重大纪念意义的建筑物，如塑像、纪念碑、纪念堂等，在植物配置上应当以烘托纪念性的气氛为主。植物种类不宜过于繁杂，而以某种植物重复出现为好，达到强化的目的。在布置形式上多采用规则式，使整个广场有章可循。树种以常绿树为最佳，象征着永垂不朽、流芳百世。

3. 商业广场

商业广场是用于商业活动的广场，大多采用步行街的布置方式，使商业活动区集中，适宜布置各类城市小品或娱乐设施。植物选择上要简洁优美，不宜过大。

4. 休闲广场

休闲广场是供游人休闲娱乐的场所，在广场绿化上可根据广场自身的特点进行植物配置，表现广场的风格，使广场在植物景观上具有可识别性。同时，要善于运用植物材料来划分组织空间，使不同的人群都有适宜的活动场所，避免相互干扰。选择植物材料时，若要创造一个热闹的氛围，则以开花植物组成盛花花坛或花丛；若想闹中取静，则可以依靠某一角落设立花架，种植枝繁叶茂的藤本植物。在配置形式上没有特殊的要求，可根据环境、地形、景观特点灵活安排。

5. 集散广场

集散广场的园林植物景观应反映城市的风格特点，在植物选择上要突出地方特色。车站、码头、展览馆、影剧院、体育馆等前面的广场是以建筑为主体，园林设计上应体现开阔的外部空间。

另外，还有一类特殊的广场，即停车场。越来越多的停车场对城市的景观也有很大影响。现代的停车场不仅仅是为了满足停车的需要，还应对其进行绿化、美化，让它变成一道美丽的风景。停车场常采用的绿化方法是种植庭荫树、铺设草坪或嵌草铺装，要求草坪要非常耐践踏、耐碾压。如果是地下停车场，其上部可以用来建造花园。

6.2.2 城市广场园林植物配置的基本形式

1. 规则式

这种形式主要用于广场四周或长条形地带，起到规划空间的效果，用于隔离或遮挡，也可作为背景。广场绿地中为避免单调感，往往三五成群地形成一些树丛，组合恰当时远看很壮观，近看又很细腻。规则式中以乔木为主，可形成乔、灌、草的多层次形式，或乔、草的疏林草地树丛形式。但要注意在乔木下方选择耐阴的品种，同时充分考虑色彩和形体搭配的协调，注意保持适当的间距，以保证有足够的阳光和生长空间。

2. 自然式

自然式是以自然群落模式栽种树木。这种布局应充分考虑环境因素，使每处植物不仅能正常生长，还可形成生动活泼的景观，从不同角度望去有不同的景致。自然式树丛的布置要密切结合环境，才能使每一种植物茁壮生长。

3. 草坪、花坛式

铺设草坪是广场绿化设计中普遍运用的手法之一，它可以在较短的时间内较好地实现绿化目的。广场草坪是用多年生矮小的草本植物进行密植，经修剪形成平整的人工草地，一般布置在广场的辅助性空地，供观赏、游戏之用，也有用草坪作广场主景的。草坪空间具有视野开阔的特点，可以增加景深和层次，并能充分体现广场的形态美。广场草坪选用的草本植物要求个体小、枝叶紧密、生长快、耐修剪、适应性强、易成活。常用的有野牛草、早熟禾、剪股颖、黑麦草、假俭草、地毯草等。

广场花坛、花池是广场绿化的装饰美化，可以给广场的平面、立面形态增加图案和色彩变化。花坛、花池的形状要根据广场的整体形式来安排，常见的形式有花带、花台、花钵及花坛组合等。其布置位置灵活多变，可安放在广场中心，也可布置在广场边缘、四周。

6.2.3　西昌火把广场园林植物配置

1. 西昌火把广场概况

西昌火把广场是由中国建筑设计研究院设计，以西昌民族演艺中心为主，融学术交流、展览、休闲、娱乐为一体的，符合凉山州及本地少数民族特色的多功能文化广场。西昌火把广场地处邛海西北侧，为扇形布置，直线段长约 400 m，弧线长约 650 m，东侧布置了民族文化艺术中心，西侧是文化休闲公园，为自然隆起的山体。西昌火把广场位于西昌市中心地带，硕大的圆形广场上，56 根红色火炬形巨柱耸天挺立，各刻图腾，象征全国 56 个民族大团结，展示出 400 多万彝族同胞对火的崇仰、追求和挚爱，如图 6-13 所示。

图 6-13　火炬柱代表 56 个民族大团结

2. 西昌火把广场园林植物配置特点

西昌火把广场是以彝族对火的崇仰、挚爱为设计定位的民族文化广场。它运用象征、隐喻和抽象的景观构图符号，结合现代建筑明快柔美的线条，传达人们内心世界的追求和美的情感表达。广场以主体建筑为中心，以火炬柱群雕景观为导引，南北轴线为基础，与周围环境协调一致，共同营造景观优美、环境宜人、生态和谐、富于民族文化艺术魅力、富于个性特色、为公众认同的绿色空间环境，如图 6-14 所示。

图 6—14　西昌火把广场局部景观

（1）植物造景新颖，配置恰当。

植物配置采用自然式与规则式构图相结合的手法，南部山体草坪区以观赏草坪为基调，边缘种植刺桐作背景；如图 6—15 所示。在民族演艺中心旁块植金竹，淡黄色竹的朦胧情调给西昌民族演艺中心增添了几分神秘的色彩，如图 6—16 所示。外围主要栽植树种有青杨、四季杨、银杏、棕榈等；北部临街区着重体现攀西地区植物特色，集中渲染春花季相，供游人休息、观景，主要树种有三角梅、南洋杉、蓝花楹、长叶女贞、香樟、广玉兰、石榴、西府海棠、玉兰、鸡蛋花等；南部以雄鹰雕像为主景，强调彝族拼搏精神，背景主要采用的树种有南洋杉、刺桐、南天竹、香樟、金竹等。

图 6—15　西昌火把广场南部山体的树群景观

图 6-16　西昌民族演艺中心旁块植金竹景观

（2）强调生态原则。

城市广场植物造景的关键在于景观原则与文化原则相结合，应从体现植物配置科学性和艺术性融合的角度出发，既立足于设计基地的环境条件，满足植物正常生长发育的环境需求，体现植物景观的生态性，也着眼于城市广场的景观特点，根据广场总体布局、景观立意进行配置，充分利用造景因素，使植物景观总体环境协调一致，并注意植物景观的层次效果与季相变化，使其具备丰富多样又完整统一的观赏特色；同时也注意挖掘广场的文化内涵，使植物景观能营造特定的文化氛围。在西昌民族演艺中心后侧，利用水体前的山体种植高低错落的乔、灌、草群落，形成了层次明显、季相变化的丰富景观，如图 6-17 所示。

图 6-17　西昌民族演艺中心后侧小水体岸边植物景观

（3）停车场设计。

火把广场的停车场位于西昌民族演艺中心的背面，和湿地公园的道路连通构成环线，有利于汽车集散、人车分流，特别是夏天有利于人、车遮阴。停车场车位之间间隔种植乔木，车位间用灌木间隔，既可以更好地为停车场遮阴，又不妨碍车辆停放。西昌火把广场停车场所用植物主要有树形高大、树冠浓荫的香樟、小叶榕、滇杨、四季杨、蓝花楹等，如图6−18所示。

图6−18　西昌火把广场停车场的植物景观

第7章　滨水景观园林植物配置与造景

水是园林中不可缺少的、最富魅力的景观要素。古今中外的园林对水体的运用都非常重视，尤其在中国传统园林中，几乎是"无水不成园"。园林中有了水，就增添了生机和动感，增加了波光粼粼、水影摇曳的美。所以，在园林景观设计中，要重视水体的造景作用，处理好园林植物与水体的景观关系。

7.1　水体植物分类

水是构成景观、增添园林魅力的重要因素。古今许多园林景观的设计与营建都借助于自然或人工的水景来提高园景档次和增加实用功能。园林水体可赏、可游。大水体有助空气流通，即使是一斗碧水映着蓝天，也可起到使游客的视线无限延伸的作用，在感觉上扩大了空间。淡绿透明的水色、简洁平静的水面是各种园林景物的底色，与绿叶相调和，与艳丽的鲜花相对比，相映成趣，有的绚丽夺目、五彩缤纷，有的则幽静含蓄、色调柔和，加强了水体的美感。

由于长期生活在不同水分条件的环境中，水体植物形成了不同的生态习性和适应性。根据生活方式的不同，水体植物分为浮叶植物、挺水植物、沉水植物、漂浮植物等。

1. 浮叶植物

常见的有睡莲、荇菜、水鳖、芡实、萍蓬草等。它们的特点是根状茎发达，花大，色艳，无明显的地上茎或茎细弱不能直立，叶片漂浮于水面，常在浅水处生长。

2. 挺水植物

常见的有荷花、千屈菜、菖蒲、黄菖蒲、芦苇、水葱、再力花、梭鱼草、花叶芦竹、香蒲、泽泻、风车草、荸荠、水芹、茭白等。它们的特点是植株高大，花色艳丽，绝大多数有茎、叶之分，直立挺拔，下部或基部沉于水中，根或地茎扎入泥中，上部挺出水面。根系具有发达的通气组织，常分布于 $0\sim1.5$ m 的浅水处，有的种类生长于潮湿的岸边。

3. 沉水植物

常见的有轮叶黑藻、金鱼藻、马来眼子菜、狐尾藻、苦草、菹草等。它们的特点是根茎生于泥中，整个植株沉入水中，具有发达的通气组织，在水下弱光条件下也能正常生长发育。

4. 漂浮植物

常见的有凤眼莲、大藻、菱角、满江红、水鳖、槐叶蘋等。它们的特点是根不生于泥中，株体漂浮于水面，多数以观叶为主。生长速度很快，能很快地提供水面的遮盖装饰。但有些品种生长、繁衍得特别迅速，可能会成为水中一害，如凤眼莲等。

7.2　园林水体植物的配置艺术

园林中的各类水体，无论是主景还是配景，无论是动态水景还是静态水景，都需要借助植物来丰富景观。水体植物配置主要是通过植物的色彩、线条以及姿态来组景和造景。水面可以通过配置各种轮廓及线条的植物，形成具有丰富线条感的立体构图。利用水边植物的高低错落可以增加水的层次。利用蔓生植物可以掩盖生硬的石岸线，增添野趣。植物的树干还可以作为框架，与近处的水面的景色共同组成优美的框景画。透明的水色是各种园林景观天然的底色，配以倒影和蓝天白云作衬托，构成优美的纵向景观层次，自然是一幅充满野趣、动感生机的图画。

在园林应用方面，把具有不同生理和观赏习性的水体植物分为水边植物、水面植物、驳岸植物三大类型。下面分别介绍每类水体植物的配置。

7.2.1　水面植物配置

1. 水面大小不同的植物配置

水面大小不同的植物配置首先应考虑水体的景观效果和周围的环境特征，不能忽略水的镜面作用。水面植物不能过于拥挤，一般占水面三分之一到二分之一即可，以免影响水面的倒影效果和水体本身的美学效果（如图7-1所示）。选用的植物应严格控制其蔓延，可设置隔离绿带，也可缸栽后放入水中。对视觉观赏面积不大的水面，水的镜面作用减弱，可以加大植物的配置密度，以形成丰富的绿色景观（如图7-2所示）。园林景观中有水不但能增加景观的层次，使景色生动活泼，而且还具有灌溉、消防、增湿等实用价值，在景观的营建上不可或缺。

图 7−1　较大水面的睡莲景观

图 7−2　小水面岸边的植物群落景观

2. 水面植物景观设计

为了改变水面景观的形状大小，使水体疏密相间，形成有节奏、有季相变化的连续构图，又不影响驳岸植物景观的倒影观赏，水面植物不宜做满池或环水体一周的设计。要保证适宜的水面植物布局，一般可以采取水面绿岛和水面花坛的种植设计形式，使水体更富自然情趣（如图 7−3 所示）。

图7-3 睡莲、王莲景观

（1）水面绿岛。

在水中设计漂浮的绿岛，其目的是控制水面植物的蔓延。而绿岛在水中随水位高低起伏变化，别有一番情趣。在水中设置种植台、种植池或种植缸，种植池高度要低于水面，深度根据植物种类而定。如荷花叶柄较长，其种植池高度以低于水面60～100 cm为宜；睡莲叶柄较短，其种植池高度可低于水面30～60 cm。如果用种植缸就更加灵活机动（如图7-4所示）。根据设计师意境安排的需要设置种植缸的数量和位置，能充分体现水面的纵向景观层次。

图7-4 种植缸内的埃及蓝睡莲景观

（2）水面花坛。

与水面绿岛不同的是，在水面用开花一致的水生植物按一定的图案设计成水面花坛，更富自然野趣和生机。在设计图案框内放入漂浮类植物如菱角、水鳖、满江红、槐叶蘋、荇菜等，在开花季节，花挺立于水面，犹如一幅优美的水面图案画，而且水面花坛不受水深限制，显得更为灵活多样。

7.2.2　驳岸植物配置

驳岸植物配置非常重要，既能使山和水融为一体，又能对水面空间的景观起主导作用。

1. 土岸、石岸植物配置

（1）土岸：岸边应结合地形、道路、岸线布局，有近有远，有疏有密，有断有续，曲曲弯弯，自然成趣。

（2）石岸：岸边线条生硬、枯燥，植物配置的原则是露美、遮丑，使之柔软多变。一般配置岸边垂柳和迎春，让细长柔和的枝条下垂至水面，遮挡石岸，同时配以花灌木和藤本植物，如变色鸢尾、黄菖蒲、燕子花、地锦、常春藤等来进行局部遮挡。

2. 堤、岛植物配置

水体中设置堤、岛，是划分水面空间的主要手段。堤常与桥相连，在园林中是重要的游览线路之一。而堤、岛的植物配置不仅增添了水面空间的层次，而且丰富了水面空间的色彩，倒影成为主要景观（如图 7－5 所示）。岛的类型很多，大小各异。有游人可以上的半岛，也有仅供远眺的湖心岛。半岛在植物造景时要考虑游览线路，在植物选择上要与岛上的亭、廊、水榭等相呼应，共同构成岛上美景。而湖心岛在植物景观设计时不用考虑游人的交通，植物造景密度可以较大，要求四面都有景可赏，但要注意植物之间的搭配协调，形成相对稳定的景观，如图 7－6 所示。

图 7－5　某地河堤两岸植物景观

图 7-6　湖心岛芭蕉丛倒影景观

7.2.3　水边植物配置

1. 植物配置形式

无论面积大小，水边植物种植一般应有远有近、有疏有密，切忌沿岸边线等距离种植，避免单调古板的行道树形式。但是在某些情况下又需要制造浓密的"垂直绿障"，所以水边植物的配置应灵活多变，不固守某种模式。

2. 多种景观类型

水边植物配置之所以需要有疏有密，是为了在景观之处留出透景线，但是水边的透视景与园路的透视景有所不同，它的景并不限于一个亭子、一株树或一座山峰，而是一个景面。在配置植物时，可选用高大乔木，宽株距栽植，用树冠来形成透景面。大面积绿地的水边也可尝试种植高大乔木，避免单调的草坪铺设，丰富林冠线，形成各种夹景、框景、透景，突出水景的奇特效果，如图 7-7 所示。

图 7-7　水边的棕榈植物景观

3. 季相变化丰富

水边植物的配置还要注意季相色彩。春季以开粉红色花的合欢、樱花、桃花、海棠为主，秋季以各种观叶树如水杉、落羽杉、枫香树、槭树等为主栽植于水边，会大大丰富水景的季相色彩。冬季则可通过配置耐寒又艳丽的洋甘菊来弥补季相的不足，也可以用竹类等常绿植物作补充，如图 7-8 所示。

图 7-8　野迎春、垂柳、碧桃构成的春季水边植物景观

7.3　园林各水体类型的植物配置与造景

园林中的水体形式多种多样，有水平如镜的湖泊，也有欢快奔流的小溪、激荡动人的瀑布，还有生机勃勃的池塘湿地。为了表现不同的水景观氛围，在进行水体植物配置时，其种类和方式多种多样，手法各异。

7.3.1　湖

湖是园林中最常见的水体景观，多见于自然园林、皇家园林或大型私家园林，如杭州西湖、武汉东湖、北京颐和园昆明湖、南京玄武湖、扬州瘦西湖、昆明滇池、大理洱海、西昌邛海等。

1. 反映湖光山色

湖岸边的植物一般较多，水面上的植物一般较少甚至没有，平静的湖面能倒映出岸上的亭台楼榭与树木花草。侧重于树群的树形轮廓与层次，一般多选树冠浑圆的高大树木。它们的倒影交织在一起，在水中形成优美的曲线。湖水映衬更能突出植物的季相景观。

2. 分割水面空间

湖面积很大时，往往要利用岛屿、桥、堤等来分割水面，使得每一部分的水域主次分明，各具特色。也可以利用一种简单的方法来分割水面，就是在水面种植荷花、芦苇等大型水生植物群落。

3. 选择乡土植物

湖边一般应该优先选择乡土植物，这样能充分表现地域自然景观，使得地区的整体景观更协调。尤其是在进行水乡风貌的设计时，对乡土植物的利用是展现当地个性化景观的重要手段。

7.3.2 池

池与湖相比多是指较小的水体，在自然环境或村野中一般称为池塘，而在园林里或广场上则称为水池。池的形式及周边环境不同，要营造的氛围不同，其周边的植物配置也不尽相同。

1. 庭院

在较小的园林院落中布局一池碧水，周边安排亭台楼榭、假山、花草树木，能获得"小中见大"的效果。植物配置常突出个体姿态，或利用植物分割水面空间以增加层次，同时也可创造活泼和宁静的景观。典型的例子如杭州植物园百草园中的水池，四周植以高大乔木，如麻栎、水杉、枫香树等，岸边的鱼腥草、蝴蝶花、石菖蒲、鸢尾、萱草等作为地被，水面上则布满树木的倒影。

2. 广场

在广场上布局水池时，水面多有喷泉等点状的水景。为了突出喷泉，水池多采用几何形状，驳岸由规整的石块砌筑，水边植物的配置以简洁为主，一般不种植或以绿篱环绕，也可孤植1~2株姿态优美的植物。

3. 郊野

若是模拟乡村自然池塘景观，就要营造一个生机勃勃的池塘水生态系统。要注意驳岸、水面的植物种植。

7.3.3 泉

泉水喷吐跳跃，非常活泼，能吸引人们的视线，可作为景点的主题，再配置合适的植物加以烘托、陪衬，效果更佳。在现代园林中，真正意义的泉已经很少见了，目前使用的多是喷泉，水也多聚集成池或湖，叫泉只是为了突出意境。在设计上，根据水面的大小，可按湖、池的植物配置方法进行。

7.3.4 　 溪涧与峡

溪涧是指夹在两山中间的小河沟。自然界中这种景观非常丰富。峡是指两山夹水的地方，出名的有长江三峡、黄河三门峡等。峡的景观往往表现为急流险滩、危崖峭壁、瀑布深潭、枯藤老树、奇峰异涧。在园林中，这两种水景多交织在一起，并不细分，共同的特点是它们最能体现山林野趣。但二者在细节设计上还是有差异的，植物景观配置也稍有不同。溪涧表现的是流水淙淙，因此，溪涧旁边多是野花丛丛、碧草青青，在一些石块的缝隙中，也多有绿草旺盛地生长着，在岸边的石头上偶有绿苔附着，增添了几分古意与禅意。峡是结合假山来创造意境，在两岸山上多是巨石耸立，树木浓荫盖顶，可还是会留下一线天，垂藤植物附着在石上，垂在水面，石缝中生长着蕨类或杂草。

7.3.5 　 河流

河流是带状的水，比溪流水面宽阔些。水从源头汹涌地穿过峡谷，一路奔腾，到地势平坦地带，水面逐渐变宽，流量逐渐变小，形成了各种河滩、三角洲等堆积地貌，之后注入大海。在园林中，直接运用河流的形式并不常见。

河流岸边一般配置乡土植物，表现自然的地域景观。18 世纪时英国造园师布朗曾把 200 多个规则式园林改造成自然式园林，取消了直线条，代之以曲线条，把规则式的河道改成曲折有致、有收有放的自然形式的河流，两岸种植当地自然式的树丛、孤立树和花灌木，一些倒木也可不予清除，任其横向水面，颇有自然野趣。

7.3.6 　 湿地

湿地是地球上重要的生态系统，具有涵养水源、净化水质、调蓄洪水、美化环境、调节气候等生态功能。湿地与森林、海洋并称全球三大生态系统。按照《关于特别是作为水禽栖息地的国际重要湿地公约》的定义，湿地是指不问其为天然或人工、长久或暂时的沼泽地、泥炭地或水域地带，带有静止或流动的淡水、半咸水或咸水水体，包括低潮时水深不超过 6 m 的水域。

湿地植物景观配置要注重传统的水乡文化，原有的植被、池塘、低洼地要尽量保留。对湿地周围的环境，可以利用艺术的手法加以绿化，在发挥湿地生态功能的同时，营造芦苇丛生、荷塘千顷的别致景观。根据不同的生境条件，配置不同习性的植物，如在阴湿处选用耐阴的蕨类、附生兰科、万年青等植物，在阳光充足处选用莎草科、蓼科、十字花科植物。

7.4　西昌邛海湿地公园园林植物配置与造景

7.4.1　西昌邛海湿地公园概况

1. 邛海

邛海古称邛池，位于西昌市东南约 5 km 处，是邛海—螺髻山国家级风景名胜区的重要组成部分。邛海为乌蒙山和横断山边缘断裂陷落形成的湖泊，是四川省第二大天然淡水湖，原有水域面积 27 km^2，东西宽 5.6 km，南北长 10.3 km，平均水深 11.0 m，最大水深 18.3 m，在正常蓄水位时的蓄水量为 3×10^8 m^3。湖泊东、南、西三面环山，北面与西昌城区相连。

2. 邛海湿地

邛海湿地以城市为背景，经天然淡水湖开发建设而成，于 2009 年开建，分六期建设，2014 年全部完工。建成后的邛海湿地面积达到 13.3 km^2，成为全国最大的城市湿地。邛海流域植被属于亚热带常绿林地带，具有较为明显的森林垂直分布特征。邛海湿地规划区的水生植物群落主要有芦苇群落、茭草群落、莲群落、荇菜群落、菱角群落、野菱群落、满江红群落、苦草群落、金鱼藻群落、狐尾藻群落、黑藻群落、红线草群落等 12 个群落类型。

下面以西昌邛海湿地公园一期"观鸟岛"、二期"梦里水乡"、三期"烟雨鹭洲"为例，介绍西昌邛海湿地公园园林植物配置与造景。

7.4.2　西昌邛海湿地公园一期"观鸟岛"园林植物配置与造景

1. 概况

"观鸟岛"湿地位于西昌邛海西岸北端，占地面积约 1.12×10^5 m^2，绿地面积 4.46×10^4 m^2，仿木栈道 2700 m^2，退塘还湖 2.84×10^4 m^2，驳岸 2100 m。规划建设主要遵循自然形态和原有风貌，充分利用原有的曲折湖岸线，依势造型，保留原生苗木，补植树种，培植草坪，增强植被的多样性和丰富性。主要景观由亚热带风情区、海门桥渔人海湾区、生命之源区、祈福灵核心区、柳荫垂纶观鸟区等五大主题游览区组成。目前，"观鸟岛"湿地有水生植物 23 种，多数分布在浅水区，涉及挺水植物 11 种、浮叶植物 7 种、沉水植物 5 种，如水竹、芦苇、芦竹、菖蒲、荷花、茭白、水葱、鸢尾、荸荠、粉美人蕉、慈姑、睡莲、菱角、野菱、荇菜、空心莲子草、浮萍、凤眼莲、金鱼藻、轮叶黑藻、马来眼子菜、苦草、菹草等。

2. "观鸟岛"园林植物配置特点

湿地中多种水生植物搭配种植，既有大面积的芦苇、菖蒲丛植，也有富有情

趣的水竹点缀栽植,最大限度地保留了原有物种,使整个园区的水生植物保留了
自然状态。其中也不乏人工点缀的各种花色的睡莲零星地分布在仿木栈道两侧的
水塘中,作为主景,引人入胜(如图7-9所示)。形态各异的水生植物如野菱、
菱角、凤眼莲、空心莲子草、大藻、睡莲、荇菜等漂浮在水面上,与湖水蓝天的
颜色相呼应;大面积的荷花呈现出宽阔疏朗的田园风光(如图7-10所示);大
片大片的芦苇、芦竹和茭白茂密地生长在一起,极富诗情画意。自然野趣的田园
风光每年吸引着很多鸟类在这里繁衍生息。

图7-9　湿地小水面睡莲景观

图7-10　湿地大水面荷花景观

（1）水边植物。

此区域为水域和陆地或沼泽地的过渡地带，水深不超过 0.3 m，配置以线性叶为主的禾本科、莎草科和灯芯草科等湿生高草丛和部分挺水植物，如芦苇（如图7-11所示）、香蒲、菖蒲、茭白、纸莎草、灯芯草、花叶芦竹、慈姑、水竹、水生鸢尾类等。利用丛植、片植和群植的配置方式，将植物点缀于水边，形成倒影入水、疏落有致的景象，使湿地陡然增色，野趣十足（如图7-12所示）。

图 7-11　湿地水边芦苇群落景观

图 7-12　湿地水边茭草群落景观

（2）驳岸植物。

在公园入口广场群植棕榈科植物丝葵、加那利海枣、美丽针葵、短穗鱼尾葵等，形成具有热带海岸风光的棕榈景观（如图 7-13 所示）。旁边是缓坡草坪，用石榴列植分割成两个不同的空间。用银杏树丛作为草坪的主景，抬高了观景视点，列植高大的四季杨、滇杨、中华红叶杨作为背景，散植樱花、海棠、柳树、黄连木、黄葛树、小叶榕、竹作为中层景观，树下草坪边缘块植鹅掌柴、红叶石楠、红花檵木、金叶假连翘等地被植物，组成整个纵向乔木、亚乔木、灌木、草本复层配置景观，同时丰富了湿地岸边的林缘线和林冠线（如图 7-14 所示）。

图 7-13　湿地公园绿地丝葵群落景观

图 7-14　小叶榕、柳树、滇杨构成的景观

7.4.3　西昌邛海湿地公园二期"梦里水乡"园林植物配置与造景

1. 概况

"梦里水乡"湿地南起西昌邛海"观鸟岛"湿地的小海，北达新海河出口，东临邛海岸线，西至滨海路人行健身步道，占地面积约 $1.73×10^6$ m²，陆地绿化面积 $1.8×10^5$ m²，水生植物面积 $1.9×10^5$ m²，水面面积 $1.36×10^6$ m²。邛海湿地公园二期"梦里水乡"连通一期"观鸟岛"，构筑起了邛海的一道生态屏障，突出了生态田园的湿地特色，不仅有较好的景观效果和供鸟类栖息的场所，而且能起到净化水体的作用。"梦里水乡"湿地植物造景按"二带三区"进行布局，两带分别为湿地边缘的步行浏览观光带、湿地内的水上游赏体验观光带，三区分别为湿地生态恢复区、白鹭滩观景区、植物观赏体验区。湿地公园内栽植水生植物 30 余种，涉及 19 个科 25 个属。

2. "梦里水乡"园林植物配置特点

（1）植物造景功能分区特色鲜明。

公园的步行浏览观光带大多通过小海曲桥或林中小径来引导观光路线，既能观赏陆生景观，又能欣赏水生景观，在造景上做到了步移景异的效果。而水上游赏体验观光带则通过游人乘坐船只近距离地观赏各种水生植物及大量湿地孤岛景观。

湿地生态恢复区主要通过恢复和保护原有的植物，如垂柳、红柳、石榴、柿树、桃树、梨树、李树、桉树、芭蕉、牵牛花、美人蕉等陆生植物以及荷花、芦苇、芦竹、茭白、香蒲、水龙、菱角、浮萍、慈姑、金鱼藻等水生植物，充分利用地形来造景，使整个景区尽显自然生态、野趣横生的特点，如图 7-15 所示。

图 7-15　湿地生态恢复区茭草群落景观

　　白鹭滩观景区主要通过营造良好的借景点来显山露水。如通过设置水边沙石岸坡或混凝土岸形成通透观景区，配以少量的植物形成漏景或框景，从石岸观景区向远处眺望，一片湖水辽阔、青山绿水、蓝天白云的邛泸景观。

　　植物观赏体验区内配置了大量具有较强观赏性的乡土树种，如朴树、黄葛树、杨树、槐树、蓝花楹、鸡冠刺桐、木棉、桂花、黄连木、紫薇、紫叶李、海棠、千层金、皂荚、红枫、羊蹄甲等；灌木有鹅掌柴、扶桑、栀子等；草本类大量引进外地特色植物，如日本血草、花叶蒲苇、澳洲朱蕉、新西兰麻、大布尼狼尾草、花叶芒、斑叶芒、金叶菖蒲、风铃草、鸢尾等（如图 7-16 所示）；水生植物基本保持邛海水域原有植物，如荇菜、睡莲、荷花、茭白、水竹、粉美人蕉、黄菖蒲等。

图 7-16　湿地水边日本血草、花叶蒲苇群落景观

　　（2）植物造景的艺术美。

　　①均衡和谐，层次分明：在园林水景中，水生植物的配置主要是通过其形态、色彩、线条等特征来进行组景。一般来说，不同的水体，水生植物的配置形式也各有不同。蔚蓝的天空与湿地中的水景相结合，使得邛海湿地公园更显妩媚。柳月湾中有一景，宽敞的水面布置了开黄色花的荇菜，水边种植了翠绿的菖蒲和水葱，弯曲有度，线条优美，再加上岸上高大的杨树、芭蕉等多种耐湿植物和远处的高山，形成的主次景分明，高低有序，色彩对比鲜明，给人以多而不乱、恰到好处、舒展开怀的感受，如图 7-17 所示。

图 7—17　湿地荇菜、水葱植物群落景观

　　②生态园林，富有野趣："梦里水乡"属人工恢复湿地公园，旨在为市民、游人提供观光游览地和为动物提供栖息地，因此，更加注重意境野趣（如图7—18所示）。白鹭滩旁有一景，高大的柳树、杨树下种植了几株千层金，近处的路边布满了郁郁葱葱的花叶蒲苇、禾草，四周点缀着零星的金竹、芭蕉丛，衬托出千层金鲜艳的色彩和优雅的姿态，自然而不刻意的搭配，巧妙地构成了一幅美丽动人的自然风景画，如图7—19所示。

图 7—18　湿地富有野趣的水边景观

图 7-19 湿地千层金植物景观

③搭配巧妙，意境优美：园林水生植物的造景设计不仅要充分体现水生植物的个体美、群体美，而且应考虑各种水生植物之间的搭配以及水生植物与其他植物、动物、建筑物等所形成的整体美。在配置时，既要保持植物之间有一定的相似性，即和谐统一，又要注意增加一些变化和对比，展现出生动活泼、意境优美、丰富多彩的景观效果（如图 7-20 所示）。小海曲桥一景有别于其他地方的春季景观，极具地方特色。在这条曲桥的一侧，水边的柳树和春季群植石榴的红色幼叶形成鲜明的对比，显得春意盎然，极富韵味，如图 7-21 所示。

图 7-20 湿地宽阔宁静的水景

图 7-21　湿地石榴树群的春季景观

7.4.4　西昌邛海湿地公园三期"烟雨鹭洲"园林植物配置与造景

1. 概况

"烟雨鹭洲"湿地属湖泊湿地，处于城景接合部，是罕见的城中次生湿地。"烟雨鹭洲"湿地占地面积约 2.35×10^6 m²，按"一带四区三栖息地多点"进行布局，建有生态防护林带，宣教管护、水质净化、生态利用、近自然恢复四个区，深水游禽鸟类、浅水涉禽鸟类、林灌鸟类三个栖息地，生态、气象、物种、水质等多个科研监测点，形成了岛链禽鸟栖息保护带，湿地植物园、宣教中心、海星岛、水质净化、农耕湿地等"九园"，桂桥赏月、月映长滩、芦荡飞雪（如图 7-22 所示）、星岛远眺（如图 7-23 所示）、落日洒金、缤纷花境等"十八景"。

图 7-22　湿地芦荡飞雪水边植物景观

图 7—23　湿地星岛远眺七孔桥景观

2."烟雨鹭洲"园林植物配置原则

（1）充分展现植物的群体美，突出地方特色。

选择乡土树种，能很好地适应湿地环境，体现当地的水乡文化，地方特色鲜明。在进行植物配置时，考虑常绿树和阔叶树相结合；乔木与灌木、地被、水生植物形成多层次的植物群落，用不同高度的植物分隔竖向空间，用不同品种的水生植物形成水边多层次景观，创造出湿地原生态植物群落景观，充分展现植物的群体美。

（2）因地制宜，适地适栽，充分考虑西昌的气候特点。

西昌冬季温暖，阳光充足，夏季紫外线强烈。植物群落配置应充分考虑人们在冬日里对阳光的需求和夏季遮阴的需要，以常绿阔叶树为主，与落叶阔叶混交林分层搭配植物，体现四季变化的动态景观。

（3）以生态造景为原则，充分发挥亚热带植物纵向分布的特点，营造形态各异、色彩丰富的小森林、树丛、疏林灌草丛、林荫、滨水植物带等景观，从而获得稳定、多样的植物群落景观。在考虑植物配置的多样化的同时，注重配置对人体有益的植物，如云南松、红瑞木、紫丁香、冲天柏、珊瑚树、小叶女贞、石楠等。

3."烟雨鹭洲"园林植物配置设计

（1）植物群落分层搭配。

"烟雨鹭洲"湿地植物群落搭配的层次结构：上层大乔木以落叶阔叶树种为主，形成上层覆盖空间，以保证夏季的浓荫和冬季的充足阳光，如柳树、杨树、黄连木、小叶榕、朴树、乌桕等；中层乔灌木以常绿阔叶树种为主，结合配置观花、观叶、观果及芳香树种，如紫薇、海棠、樱花、栀子、紫荆、桃花、石榴等；下层采用耐阴的低矮花灌木、地被及缀花草地、水生植物，在水边形成倒影，丰富了水岸色彩变化（如图7-24所示）。

图7-24　富有韵律的湿地驳岸植物群落景观

（2）植物配置注重季相美，突出三季有花、四季有景。

湿地驳岸各个季节有特殊观赏价值的植物如下：

①春季观赏植物：紫玉兰、二乔玉兰、白玉兰、蓝花楹、贴梗海棠、刺桐、木瓜、日本木瓜、西府海棠、垂丝海棠、紫荆、梅花、桃花、樱花、红花刺槐、茶梅、杜鹃、野迎春、金钟花、连翘、金银木、苦楝、玫瑰、石楠、梨、木香、紫藤、三角梅等。

②夏季观赏植物：八仙花、合欢、紫薇、石榴、槐树、栾树、广玉兰、紫叶李、鸡冠刺桐、红花檵木、黄花槐、三角梅等。

③秋季观赏植物：木槿、桂花、凤尾兰、三角梅、榆树、榉树、银杏、悬铃木、滇杨、苦楝、乌桕、黄连木、臭椿、山麻杆、鸡爪槭、无患子、南天竹、七叶树、木芙蓉、水杉、池杉等。

④冬季观赏植物：蜡梅、茶梅、枇杷、南天竹、火棘、冬青等。

（3）水边植物配置空间层次丰富。

水边种植耐水湿的乔木，如柳树、滇杨、枫杨、四季杨、桤木、水杉等，形成上层自然式天际线。水岸边种植水生植物，如芦苇、千屈菜、香蒲、黄菖蒲、花叶芦竹、水葱、茭白等软化水岸界线（如图7-25所示）。生态自然下层种植水生植物，如荷花、睡莲、茭白、芦苇、再力花、菖蒲、禾草等，增加横向空间延伸感，景观层次丰富，搭配自然，野趣横生，如图7-26所示。

图 7—25　湿地水边植物群落景观

图 7-26　由菖蒲、波斯菊、金光菊构成自然野趣的景观

（4）驳岸植物配置高低错落、自然有趣。

驳岸采用自然草坡形式，以常绿乔木棕榈、海枣、高干蒲葵、香樟、红柳、女贞、朴树等构成骨架，形成高低错落的林缘线、空间层次丰富的林冠线。中层种植观花灌木，如海棠、樱花、紫荆、桃花、石榴、紫薇等，同时显现出湿地的季相变化。下层种植观花草本地被，如波斯菊、万寿菊、矮蒲苇、紫穗狼尾草、鼠尾草等，与道路配合，形成野花小径，妙趣横生，如图 7-27、图 7-28 所示。

图 7—27　湿地驳岸植物群落景观

图 7—28　湿地鼠尾草、三角梅花径

第 8 章　居住区公共空间园林植物配置与造景

　　城市居住区是城市集中布置居住建筑、公共建筑、公共绿地、生活性道路等居住设施，为居民提供居住、生活和进行各种社会活动的场所。居住区是城市的有机组成部分，居住区空间是城市空间的延续，居住区环境质量的优劣是影响城市环境的重要因素。居住区环境规划的好坏直接关系到居民的生活质量，更对整个城市的环境质量产生重大影响。因此，设计师在规划时除了要满足国家规定的绿地指标，还要根据居住区建筑环境，创造健康、舒适、富有特色的现代居住区园林景观。

8.1　居住区公共空间造景原则与植物选择

8.1.1　居住区公共空间造景的一般原则

1. 功能性原则

　　居住区是人类生存和发展的主要场所，人的一生大部分时间是在自己居住的小区度过的。居住区的设计可利用植物分隔、联系空间。利用乔木和灌木进行景观设计可不受几何图形的制约，组合成若干大小不同的空间，使空间既隔又连，隔而不断，层次深邃。用作空间界定的树木，宜闭则闭，宜透则透，宜漏则漏，结合地形的高低起伏，能构成富有韵律的天际线和林缘线，增加空间的层次感。设计时应注意体现植物的观赏层次及色彩和季相的要求，形成美观、协调、富有特色的植物景观空间，满足居住区老人、儿童、青年人等不同人群就近休息、赏景的需要。

2. 因地制宜原则

　　植物是有生命力的有机体，每一种植物对其生态环境都有特定的要求，在利用植物进行景观设计时必须先满足其生态要求。如果景观设计中的植物种类不能与种植地点的环境和生态相适应，就会生长不良或不能存活，也就达不到预期的景观效果。因此，要因地制宜，遵循以乡土树种为主，以外地树种为辅的原则。

3. 景观生态性原则

园林植物除了能构成供人们欣赏的景观，更重要的是能创造出适合人类生存的生态环境。它具有吸音除尘、降解毒物、调节温湿度及防灾等生态效应，如何使这些生态效应得以充分发挥，是植物景观设计的关键。在设计中，应从景观生态学的角度出发，对设计地区的景观特征进行综合分析。

8.1.2 居住区公共空间植物选择

1. 乔木的选择

乔木是居住区公共空间里竖向构图最显眼的因素，构成了居住区公共空间的骨架。植物的大小、形态、色彩、质地等特性千变万化，这为居住区公共空间的绿化提供了条件。高大的落叶遮阴乔木如银杏、水杉、栾树、枫杨等决定着居住区公共空间的轮廓和形式，树干可以给居住区公共空间提供强烈的垂直线，树冠可以提供一个形状张开或闭拢的遮阴伞。观花乔木一般较矮，低于遮阴乔木。观花小乔木多姿多彩的花朵、果实，丰富了乔木设计上的线条、色彩和造型搭配。另外，也可以在草地上和沿院边篱笆种些小树，这样可以起到背景衬托的作用，同时也有利于保护私密性。居住区绿地常用的乔木有香樟、桂花、银杏、合欢、紫薇、玉兰、广玉兰、白兰花、鸡冠刺桐、刺桐、小叶榕、黄葛树、红枫、女贞、蓝花楹、栾树、旱柳、枫杨、樱花、四季杨、臭椿、榔榆、加杨、悬铃木、龙柏、南洋杉、水杉、落羽杉、雪松、棕榈类等，如图8-1所示。

图 8-1 居住区水杉、柳树等乔木景观

2. 灌木的选择

常绿灌木一般和乔木搭配作为中层绿化植物，增加绿化的层次感；也可以作为树篱屏障，标定院子的边界范围，保护隐私。青枝绿叶的灌木群提供了优美的景观背景，有的灌木在春夏季提供色彩丰富的花朵，很多灌木的叶子和果实又给秋天提供了娇艳的色彩。在通盘考虑居住区公共空间设计时，应当仔细考虑灌木的枝干、叶形和质感等要素，形成三季有花、四季有景的效果。居住区绿地常用的灌木有栀子、含笑花、金丝桃、六月雪、南天竹、小叶黄杨、鹅掌柴、连翘、棕竹、海桐、丝兰、珊瑚树、山茶、日本小檗、火棘、红叶石楠、凤尾竹、小琴丝竹等，如图8-2所示。

图8-2 路边的小品、乔、灌、草组成的景观

3. 地被植物的选择

在居住区公共空间里不受践踏的地方种植低矮的像地毯似的地被植物，既可以代替维护费用很高的草坪，还可以给居住区公共空间提供一个开阔的视觉空间。地被植物生长迅速、外形美观，长在坡地上还可以防止水土侵蚀。居住区绿地常用的地被植物有沿阶草、麦冬、三叶草、马蹄金等。

4. 攀缘植物的选择

攀缘植物可以其美丽的花朵和奇特的叶子攀附在篱笆、凉亭、棚架、墙体等上，与周围的环境和谐一致，形成一种纵向延伸的美丽景观，增强了绿化的立体效果，大大提高了城市绿量（如图8-3所示）。用攀缘植物垂直绿化占地面积小，特别适用于狭窄的空间，是今后城市绿化特别有发展潜力的方向。攀缘植物随着物体外形的变化而变化，软化了建筑生硬的轮廓，并与城市绿化融为一体，创造出多种生动的装饰效果。居住区绿地常用的攀缘植物有紫藤、三角梅、葡萄、地锦、木香、炮仗花、络石、薜荔、凌霄等，如图 8—4 所示。

图 8—3　紫藤棚架式种植景观

图 8—4　三角梅立架式种植景观

8.2 居住区公共空间园林植物造景

8.2.1 居住区公共绿地园林植物造景

居住区公共绿地的景观效果主要靠植物来实现,植物配置应将生态化、景观化和功能化结合起来。植物材料既是造景的素材,也是观赏的要素。正确选择植物,合理进行配置,才能创造出舒适优美的居住区环境。

(1)居住区公共绿地必须根据小区内外的环境特征、立地条件,结合景观规划、防护功能等,按照适地适树的原则,选择具有一定观赏价值和保护作用的植物,强调植物分布的地域性和地方特色,考虑植物景观的稳定性、长远性。树种和植物种类选择在基调和特色的基础上力求变化。

(2)以植物群落为主,乔、灌、草或灌、草合理搭配(如图8-5、图8-6所示),常绿植物和落叶植物比例适当,速生植物和慢生植物相结合。将植物配置成高、中、低各层次,既丰富了植物种类,又能使绿量最大化,达到一定的绿化覆盖率。居住区植物景观应减少草坪、花坛面积,不宜大量设计整形色带、花带,多采用攀缘植物进行垂直绿化可以使景观更加立体。

图8-5 居住区乔、灌、草植物搭配景观

图 8-6　居住区灌、草植物搭配景观

（3）植物配置应体现三季有花、四季有景，适当配置和点缀时令花卉，创造出丰富的季相变化。在规划设计中，应充分利用植物的观赏特性进行色彩组合与协调，根据植物叶、花、果实、枝条和干皮等的色彩在一年四季中的变化来布置植物，如由迎春、桃花、紫丁香等组成春季景观，由紫薇、合欢、石榴等组成夏季景观，由桂花、红枫、银杏等组成秋季景观，由蜡梅、忍冬、南天竹等组成冬季景观。

（4）居住区植物景观不能仅仅停留在为建筑增加一点绿色的点缀作用，而是应从植物景观与建筑的关系上去研究绿化与居住者的关系，尤其是在绿化与采光、通风、防西晒及挡西北风的侵入等方面为居民创造更具科学性、更为人性化、富有舒适感的室外景观。要根据建筑物的不同方向、不同立面，选择不同形态、不同色彩、不同层次以及不同生物学特性的植物加以配置，使植物景观与建筑融为一体，和周边环境相协调，营造出较为完整的景观效果。居住区植物配置要符合居住卫生条件，适当选择落果少、飞絮少、无刺、无味、无毒、无污染物的植物，以保持居住区内的清洁卫生和居民安全。

（5）居住区植物景观应充分利用自然地形和现状条件，对原有树木，特别是古树名木、珍稀植物应加以保护和利用，并规划到绿地设计中，以节约建设资金，早日形成景观效果。由于居住区建筑往往占据光照条件较好的位置，绿地受阻挡而处于阴影之中，所以应选择能耐阴的树种，如金银木、枸骨、鹅掌柴、花叶青木等。

（6）居住区植物景观既要有统一的格调，又要在布局形式、树种选择等方面做到多种多样、各具特色，提高居住区绿化水平。栽植上可采取规则式与自然式相结合的植物配置手法，一般区内道路两侧种植1~2行行道树，同时可规则式地配置一些耐阴花灌木，裸露地面用草坪或地被植物覆盖。其他绿地可采取自然式的植物配置手法，组合成错落有致、四季不同的植物景观。

（7）便于管理。应尽量选用病虫害少、适应性强的乡土树种和花卉，不但可以降低绿化费用，而且还有利于管理养护。

8.2.2 宅旁绿地园林植物造景

宅旁绿地属于居住建筑用地的一部分，包括宅前、宅后、住宅之间及建筑本身的绿化用地，最为接近居民。在居住小区总用地中，宅旁绿地面积最大、分布最广、使用率最高。宅旁绿地面积约占总用地面积的35％，不计入居住小区公共绿地指标中。一般来说，宅旁绿地面积比居住区公共绿地面积大2~3倍，人均绿地面积可达4~6 m^2。宅旁绿地对居住环境质量和城市景观的影响最明显，在规划设计时需要考虑的因素也较复杂。

1. 宅旁绿地的植物造景要求

宅旁绿地的主要功能是美化生活环境，阻挡外界视线、噪声和尘土，为居民创造一个安静、舒适、卫生的生活环境。其绿地布置应与住宅的类型、层数、间距及组合形式密切配合，既要注意整体风格的协调，又要保持各幢住宅之间的绿化特色。

（1）以植物景观为主。

宅旁绿地的绿化覆盖率要求达到90％~95％。树木花草具有较强的季节性，不同的植物有不同的季相，它们使宅旁绿地具有浓厚的时空特点，让居民感受到强烈的生命力。根据居民的文化品位与生活习惯，可将宅旁绿地分为几种类型：以乔木为主的庭院绿地，以观赏型植物为主的庭院绿地，以瓜果园艺为主的庭院绿地，以绿篱、花坛界定空间为主的庭院绿地，以竖向空间植物搭配为主的庭院绿地，如图8-7所示。

（2）布置合适的活动场地。

宅间是儿童，特别是学龄前儿童喜欢玩耍的地方，在绿地规划设计中必须在宅旁适当做些铺装地面，在绿地中设置最简单的游戏场地（如沙坑）等。同时，还要布置一些桌椅，设计高大乔木或花架以供老年人户外休闲用。

（3）考虑植物与建筑的关系。

宅旁绿地设计要注意庭院的尺度感，根据庭院的大小、高度、色彩、建筑风格的不同，选择适合的树种。比如，选择形态优美的植物来打破住宅建筑的僵硬感，选择图案新颖的铺装地面来活跃庭院空间，选用一些铺地植物来遮挡地下管线的检查口，以富有个性特征的植物景观作为组团标识等，创造出美观、舒适的宅旁绿地空间。

　　靠近房基处不宜种植乔木或大灌木，以免遮挡窗户，影响通风和室内采光；而在住宅西向一面需要栽植高大落叶乔木，以遮挡夏季日晒。此外，宅旁绿地应配置耐践踏的草坪，阴影区宜种植耐阴植物，如图 8-8 所示。

图 8-7　宅旁绿地乔、灌、草复层配置

图 8-8　居住区建筑物基处栽植

2. 宅旁绿地的植物造景设计

（1）住户小院的绿化。

①底层住户小院。低层或多层住宅，一般结合单元平面，在宅前自墙面至道路留出 3 m 左右的空地，作为底层住户的小院，可用绿篱或花墙、栅栏围合起来。小院外围绿化可作统一安排，内部则由各家自由栽花种草，布置方式和植物种类随住户喜好，但由于面积较小，宜简洁，或以盆栽植物为主。

②独户庭院。别墅庭院是独户庭院的代表形式，院内应根据住户的喜好进行绿化。由于庭院面积相对较大，一般为 20～30 m²，可在院内设置小型水池、草坪、花坛、山石，搭花架缠绕藤萝，种植观赏花木或果树，形成较为完整的绿地格局。

（2）宅间活动场地的绿化。

宅间活动场地属半公共空间，主要供幼儿活动和老人休息，其植物景观的优劣直接影响到居民的日常生活。宅间活动场地的绿化类型主要有以下几种：

①树林型。树林型是以高大乔木为主的一种比较简单的绿化造景形式，对调节小气候的作用较大，多为开放式。居民在树下活动的空间大，但由于缺乏灌木和花草搭配，因而显得较为单调。高大乔木与住宅墙面的距离至少应在 5 m 以上，以避开铺设地下管线的地方，便于采光和通风，避免树上的病虫害侵入室内。

②游园型。当宅间活动场地较宽时（一般住宅间距在 30 m 以上），可在其中开辟园林小径，设置小型游憩园地，并配置层次、色彩丰富的乔木和花灌木。这是一种宅间活动场地绿化的理想类型，但所需投资较大。

③棚架型。棚架型是一种效果独特的宅间活动场地绿化造景类型，以棚架绿化为主，其植物多选用紫藤、炮仗花、三角梅、珊瑚藤、葡萄、金银花、木通等观赏价值高的攀缘植物。

④草坪型。以草坪景观为主，在草坪的边缘或某一处种植一些乔木或花灌木，形成疏朗、通透的景观效果。

8.2.3 居住区道路园林植物造景

居住区道路可分为主干道、次干道、小道三种。主干道用以划分小区，在大城市中通常与城市支路同级；次干道一般用以划分组团；小道是上接小区路、下连宅间小路的道路，宅间小路是住宅建筑之间连接各住宅入口的道路。

居住区道路把小区公园、宅间、庭院连成一体，是组织联系小区绿地的纽带。居住区道旁绿化在居住区中占有很大比重，它连接着居住区小游园、宅旁绿地，通向各个角落。因此，道路绿化与居民生活关系十分密切。其绿化的主要功能是美化环境、遮阴、减少噪声、防尘、通风、保护路面等。绿化的布置应根据道路级别、性质、断面组成、走向、地下设施和两边住宅形式而定。

1. 主干道

主干道宽 10~12 m，有公共汽车通行时宽 10~14 m，红线宽度不小于20 m。主干道联系着城市干道与居住区内部的次干道和小道，车行、人行并重。道旁的绿化可选用枝叶茂盛的常绿或落叶乔木作为行道树，以行列式栽植为主，各条干道的树种选择应有所区别。中央分车带可用低矮的灌木，在转弯处或中心岛绿化应留有安全视距，不致妨碍汽车驾驶人员的视线；还可用耐阴的花灌木和草本花卉形成花境，借以丰富道路景观。也可结合建筑山墙、绿化环境或小游园进行自然种植，既美观、利于交通，又有利于防尘和阻隔噪声，如图 8-9 所示。

图 8-9 居住区主干道两旁植物景观

2. 次干道

次干道宽 6~7 m，连接着本区主干道及小道等。以居民上下班、儿童上学、散步等人行为主，车行为次。绿化树种应选择开花或富有叶色变化的乔木，其形式与宅旁绿化、小花园绿化布局密切配合，以形成互相关联的整体。特别是在相同建筑间小路口上的绿化应与行道树组合，使乔、灌木高低错落自然布置，使花与叶色具有四季变化的独特景观，以方便识别各幢建筑。次干道因地形起伏不同，两边会有不同的标高，在较低的一侧可种常绿乔、灌木，以增强地形起伏感，在较高的一侧可种草坪或低矮的花灌木，以减少地势起伏，使两边绿化有均衡感和稳定感，如图 8-10 所示。

图 8-10　居住区次干道路旁植物景观

3. 小道

小道联系着住宅群内的干道，宽 3.5～4 m。住宅前小路以行人为主。宅间或住宅群之间的小道可以在一边种植小乔木，一边种植花卉、草坪。特别是在转弯处不能种植高大的绿篱，以免遮挡人们的视线。靠近住宅的小路旁绿化，不能影响室内采光和通风。如果小路距离住宅在 2 m 以内，则只能种植花灌木或草坪。通向两幢相同建筑中的小路口应适当放宽，扩大草坪铺装，乔、灌木应后退种植，结合道路或园林小品进行配置，以供儿童就近活动，还要方便救护车、搬运车能临时靠近住户。各幢住宅门口应选用不同树种、采用不同形式布置，以利于辨别方向。另外，在人流较多的地方，如公共建筑的前面、商店门口等，可以采取扩大道路铺装面积的方式来与小区公共绿地融为一体，设置花台、座椅、活动设施等，创造一个舒适的活动空间。

8.2.4　居住区小广场园林植物造景

居住区小广场是由建筑物、街道、绿地等围合而成的公共活动空间。居住区小广场类型较为简单，主要有集会小广场、交通小广场、休闲娱乐小广场、建筑前小广场。居住区小广场的植物景观设计要实现广场的"可达性"和"可留性"，强化广场的公众活动中心功能。设计居住区小广场植物景观时应注意以下几点。

1. 以人的活动为出发点，解决空间开闭的矛盾

居住区小广场从满足居民驻留及提供大型活动场所需求出发，需要规划较大面积的硬质铺装地，但是，如果铺装面积过大又会造成绿量不足，纵向空间层次不够丰富，生态效益显著下降，而且与使用小广场的居民对室外空间良好的遮

蔽、覆盖降温需求产生矛盾。所以居住区小广场的设计必须考虑层次空间的生态组合，充分考虑植物的生态习性，合理选配植物种类。植物立体化设计的方法有树阵广场（如图 8-11 所示），就是将分枝点较高的乔木种植在硬质铺装地上，开辟活动场地复合型空间，下层树完全通透，延伸了空间范围，是生态、景观、活动三促进的复合模式。此外，还可以设置移动式花坛、立柱式花柱或花架，解决广场空间不足的问题。

图 8-11 树阵广场植物景观

2. 将各种景观元素有机结合

居住区小广场的植物要与其他景观要素相配合，做到与环境的协调统一。在以植物为主体的景观空间中，要注意根据景观的立意与艺术布局的要求，结合居住区地貌特点，利用植物材料进行空间组织划分，形成疏密有间、曲折有致、色彩相宜的植物景观空间。

3. 注重小广场的实用性

居住区小广场是居民的公共活动场所，在进行植物景观设计时要以人为本，多方考虑。小广场的空间建设一定要适应居民每天活动内容的变化。比如早上居民一般有晨练的习惯，下午多为聊天、聚会、打牌，晚上则以观演、散步为主。此外，随着季节的变化，居民的活动内容也会有所改变。夏季多数居民需要纳凉，没有遮阴树的广场就显得闷热无比，而冬春季节居民需要阳光和大片的开阔地。因此，居住区小广场的植物景观配置要注意实用性，做到常绿树与落叶树相结合，乔、灌、草相结合，硬质地与软质地比例要适当，如图 8-12 所示。

图 8-12　居住区小广场乔木景观

4. 满足使用者的审美要求

　　居住区小广场是一个完整的空间，在设计时应通过植物各品种类型间的合理搭配，充分应用植物形态、色泽和质地等自然特征，创造出整体的美感效果。广场上及重要景点节点上，主景植物应选取观赏效果较好、特征突出、观赏期较长的种类，按植物造景的一般规律配置。此外，在节假日考虑用色彩艳丽的草花和形态优美的花坛来装饰，可以起到渲染节日气氛的特殊效果，如图 8-13 所示。

图 8-13　居住区小广场花坛景观

8.2.5　居住区建筑环境园林植物造景

1. 门

园林中多门，院落和建筑空间均有入口，其植物配置应具有便于识别、引导视线和遮阴等实用功能，通过造型及周围环境的设计变化满足人们的审美需求及空间尺度上的需求。居住区房屋入口的植物配置是视线的焦点，通过植物的精细设计，可美化入口，对建筑物起到画龙点睛的作用（如图 8-14 所示）。入口处的植物配置应有强化标志性的作用，如高大的乔木与低矮的灌木组成一定的规则式图案，鲜艳的花卉组成文字图案。有较大的入口用地时，可采取草坪、花坛、树木组合的方式来强化、美化入口。通常入口处植物配置首先要满足功能的要求，不阻挡视线，不影响人流、车流的正常通行；在特殊情况下可故意用植物挡住视线，使入口若隐若现，起到欲扬先抑的作用。充分利用门的造型，以门为框，通过植物配置，与路、石等进行精细的艺术构图，不但景观入画，还可以扩大视野，延伸视线。

图 8-14　居住区房屋入口的植物配置景观

2. 建筑物的角隅

角隅线条生硬，而转角处又常为视觉焦点，通过植物配置进行缓和点缀最为有效。应多种植观赏性强的园林植物，如可观花、观叶、观果、观干等植物种类，可成丛配置，并且要有适当的高度，最好在人的平视视线范围内，以吸引人的目光。也可放置一些山石进行地形处理，配合植物种植，如用丛生竹、芭蕉、蜡梅、含笑花、美丽针葵、苏铁、南天竹、丝兰、红花檵木、红枫、艳山姜、小叶女贞、千层金等（如图 8−15 所示）。在较长的建筑物与地面形成的基础前宜配置较规则的植物，以调和平直的墙面，可展现统一规整的美，如用栀子、山茶、四季桂、杜鹃、金边女贞、小蜡树、红花檵木等。

图 8−15　某角隅的红花檵木、红枫、艳山姜、小叶女贞、肾蕨、千层金组合景观

3. 台阶

建筑外围通常有台阶，需要对台阶进行绿化装饰。在与周围建筑融洽，满足环境要求、配置目的的前提下，美观、安全通常是考虑的重点。通常选用一些观花的草本植物，如白三叶草、沿阶草、兰草等。

4. 窗

窗框的尺度是固定不变的，植物却不断生长，随着生长，体量增大，会破坏原来的画面。因此，园林建筑窗外的植物配置要注意选择生长缓慢、变化不大的植物，如芭蕉、凤尾竹、梅花、蜡梅、碧桃、苏铁、棕竹、刺葵、南天竹等，近旁再配些尺度不变的湖石，增添其稳固感，与窗框构成框景，是相对稳定持久的画面。为了突出植物主题，窗框的花格不宜过于花哨，以免喧宾夺主。

8.2.6 居住区立体绿化

1. 墙面绿化

墙的功能是承重和分隔空间。墙面绿化是增加城市绿化面积的有效措施，具有点缀、烘托、掩映的效果。古典园林常以白墙为背景，通过植物自然的姿态与色彩作画，营造有画意的植物景观。常用的植物有紫荆、紫玉兰、榆叶梅、红枫、连翘、迎春、玉兰、芭蕉、竹、山茶、木香、杜鹃、枸骨、南天竹等。

现代的墙体常配置各类攀缘植物进行立体绿化，或用藤本植物，或用经过整形修剪及绑扎的观花、观果灌木，辅以各种球根、宿根花卉作基础栽植，形成墙园，如图 8-16 所示。常用的种类有紫藤、木香、三角梅、地锦、五叶地锦、三叶木通、使君子、络石、猕猴桃、葡萄、赤地利、铁线莲、厚萼凌霄、凌霄、金银花、盘叶忍冬、华中五味子、五味子、素方花、钻地风、鸡血藤、禾雀花、绿萝、西番莲、炮仗花、迎春、野迎春、连翘、火棘、平枝枸子等。

灰黑色的墙面前宜配置开白花的植物，如木绣球，使硕大饱满的圆球形白色花序明快地跳跃出来，起到了扩大视觉空间的效果。可以片植葱莲、白花鸢尾、北极菊等，使白色形成强烈对比，绵延于墙前起到延伸视觉的效果。木香，白花点点，清秀可爱，并伴随有季相变化。如在山墙、城墙等地栽植薜荔、何首乌等植物覆盖遮挡，则会充满自然情趣。

在一些花格墙或虎皮墙前，宜选用草坪和低矮的花灌木以及宿根、球根花卉。如果用高大的花灌木遮挡墙面，反而会影响墙面本身的美，而且也可能会显得过于花哨，影响整体效果。另外，为增大景深，还可以在围墙前做些高低不平的地形，将高低错落的植物植于其上，使墙面若隐若现，产生远近层次延伸的视觉效果。

图 8-16　居住区建筑物墙面立体绿化

2. 屋顶绿化

屋顶绿化是指一切脱离了地气的种植技术。它不仅涵盖了屋顶种植，还包括露台、天台、阳台、墙体、地下车库顶部、立交桥等一切不与地面自然土壤相连接的各类建筑物和构筑物的特殊空间的绿化。它是根据屋顶的结构特点及屋顶上的生境条件选择生态习性与之相适应的植物材料，通过一定的技术手法，在建筑物顶部及一切特殊空间建造绿色景观的一种形式。现如今，城市地面可绿化用地少而价高，占城市用地面积 60% 以上的建筑屋顶的绿化，则是对城市建筑破坏自然生态平衡的一种最简捷有效的补偿办法，是节能环保型绿色建筑的重要内容，是有生命的城市重要的基础设施建设。

（1）屋顶绿化的类型。

建筑物的多样性设计造成面积不同、高度不一、形状各异的各种屋面，加上新颖多变的布局设计，以及各种植物材料、附属配套设施的使用，形成类型多样的屋顶绿化。

①按使用功能划分。

粗放的屋顶草坪：为解决城市生态效益问题而栽植的绿色植被。一般铺装在只有从高空俯视才能看得见的屋顶上。

观赏的屋顶草坪：既重生态效益又供观赏的屋顶草坪。一般是在人们不能进入但从高处俯视可以看见的屋顶上。其屋顶绿化要有设计，讲求美观，以铺装草坪为主，用花卉和彩砖组摆图案，点缀色彩。

屋顶花园：集观赏、休憩、活动功能于一体的屋顶绿化。一般是在人们可以进入的屋顶上。

②按建筑荷载允许度和屋顶生态环境划分。

简式轻型绿化屋顶：以草坪为主，配置多种地被植物和花灌木，讲求景观色彩。用不同品种植物配置出图案，结合步道砖铺装出图案。

花园式复合型绿化屋顶：近似于地面园林绿地。乔灌花草、山石水、亭廊榭合理搭配组合，可以点缀园艺小品，但硬质铺装要少，且要严守建筑设计荷载、支撑允许的原则。

③按造景风格划分。

中国古典园林式：在一些宾馆的顶层常模仿我国传统的写意山水园建造屋顶花园，构筑小巧的亭台，或是叠山理水，筑桥设舫，以求曲径通幽之效。这类屋顶花园的植物配置要从意境着手，小中见大，如种一丛矮竹去表示高风亮节，用几株曲梅去写意"暗香浮动"。

现代园林式：在造园风格上变化多端，有的以水景为主体并配上大色块花草组成屋顶花园，有的把雕塑和枯山水等艺术融入屋顶花园，有的设花坛、花台、花架进行空间的组合和划分。也可在种植槽内种上色彩鲜艳的草本花卉，并设置喷泉及跌水，形成流动的乐章。还可利用低矮的彩叶植物，依建筑的自然曲线修剪成型，如图 8-17 所示。

图 8-17   居住区屋顶绿化效果图

④按植物造景的方式划分。

地毯式：在承载力较小的屋顶上以地被植物、草坪或其他低矮花灌木为主进

行造园。一般土层厚度为 5～20 cm。选择抗旱、抗寒力强的低矮植物。

群落式：对屋顶的荷载要求较高（不低于 400 kg/m²），土层厚度为 30～50 cm，配置时考虑乔、灌、草的生态习性，按自然群落的形式营造植物景观，可适当扩大植物选择范围，突出生态功能的发挥。乔木的选择多局限于生长缓慢的裸子植物或小乔木，且裸子植物多经过整形修剪。

花圃苗圃式：在种植池内成片种植草花或瓜果蔬菜。如重庆一些楼房屋顶种植了红薯、辣椒及花卉；成都一些屋顶不仅种花，还建有苗圃、药圃、瓜园。

此外，按建筑高度可分为低层建筑屋顶绿化和高层建筑屋顶绿化两种，按空间组织状况可分为开敞式、封闭式和半封闭式三种。

（2）屋顶绿化的植物选择。

屋顶绿化一般用灌木、地被植物、藤本植物。小乔木作为孤赏树可适当点缀，大乔木极少应用。

①草本花。

屋顶生长较好的有佛甲草、黄金万年草、垂盆草、卧茎景天、天鹅绒草、酢浆草、虎耳草、美女樱、向日葵、遍地黄金、蟛蜞菊、马缨丹、锦绣苋、吊竹梅等。目前运用得比较成熟的有佛甲草、黄金万年草、垂盆草、卧茎景天等，它们同属景天科地被植物，有如下特点：绿色期较长，一年四季仅有两个月茎叶枯萎，根部嫩芽碧绿；抗旱、抗寒能力强；冬季干茎抓地牢，不扬尘；所需营养基质薄，3～5 cm 即可；根系浅，弱且细，网状分布，没有穿透屋面防水层的能力；管理粗放，具有一定的经济价值，是屋顶环境的理想材料。

一般常用的有天竺葵、球根秋海棠、风信子、郁金香、金盏菊、石竹、一串红、旱金莲、凤仙花、鸡冠花、大丽花、金鱼草、雏菊、羽衣甘蓝、翠菊、千日红、含羞草、紫茉莉、虞美人、美人蕉、萱草、鸢尾、芍药、葱莲等。

②灌木和小乔木。

常用的有雪松、圆柏、罗汉松、沙地柏、侧柏、龙爪槐、大叶黄杨、女贞、紫叶小檗、西府海棠、樱花、紫叶李、竹、红枫、小檗、南天竹、紫薇、木槿、贴梗海棠、蜡梅、月季花、玫瑰、山茶、桂花、牡丹、结香、红瑞木、平枝栒子、鹅掌柴、金钟花、栀子、金丝桃、八仙花、迎春、棣棠、枸杞、石榴、六月雪、荚蒾、苏铁、福建茶、黄金榕、变叶木、鹅掌楸、龙舌兰、假连翘等。

③藤本植物。

常用的有洋常春藤、茑萝、牵牛花、紫藤、木香、凌霄、扶芳藤、五叶地锦、葛藤、金银花、油麻藤、葡萄、地锦、炮仗花等。其对于屋顶设备和广告架的覆盖有独到之处，可在屋顶建筑物承重墙处建池子种植，也可在地面种植。

（3）屋顶绿化建造关键技术。

在屋顶上绿化造园，一切造园要素都受到支承它的屋顶结构限制，不能随心所欲地挖湖堆山、改造地形。与陆地建园有共同处，可运用一般的园林造园构景手法；同时也受到处所居高临下、场地狭小、四周围绕建筑墙壁限制，在建造过程中要重点考虑的是防渗漏和承重的问题。

3. 亭绿化

在园林建筑中亭与植物的配置是常见的。其形式多种多样，选址灵活，或伫立山岗，或依附建筑物，或临水，与植物配合形成各种生动的画面。亭的植物配置应与其造型和功效协调统一（如图 8-18 所示）。如在亭的四周广植林木，亭在林中，有深幽之感，自然质朴。也可在亭的旁边种植少量大乔木作亭的陪衬，稍远处配以低矮的观赏性强的木本草木花卉，亭中既可观赏花，又可庇荫、休息。又如树木少而精，以亭为重点配置，树形挺拔，枝展优美，保持树木在亭四周形成一种不对称的均衡，3 株以上应注意错落层次，这样乔木花卉与亭即可形成一幅美丽的图画。

图 8-18　休息亭紫藤景观

从亭的结构、造型上考虑，植物选择应与其取得一致，如亭的攒尖较尖、挺拔、俊秀，应选择圆锥形、圆柱形植物，如枫香树、毛竹、圆柏、侧柏等以竖线条为主的植物；从亭的主题上考虑，应选择能充分体现其主题的植物，如杭州"竹栖云径" 3 株老枫香树和碑亭形成高低错落的对比；从亭的功效上考虑，碑亭、路亭是游人多且较集中的地方，植物配置除考虑其意境外，还应考虑遮阴和艺术构图的问题，如花亭多选择与其题名相符的花木。

8.3 凉山州宁南县金沙明珠居住区园林植物配置与造景

8.3.1 宁南县金沙明珠居住区概况

金沙明珠小区坐落于美丽的凉山州宁南县，景观面积近 8000 m²，优越的区位为业主提供了一片体验宁静、享受阳光的自由天地。金沙明珠的景观设计并非仅仅是对各种景观要素的简单组合，而是通过把握其在居住、景观、人文、生态等方面更为深层的协调关系，根据用地的实际情况，由景观师统筹安排，以达到形神兼备的环境效果（如图 8-19 所示）。它为人们提供的不仅是一种风景，更是一种健康、和谐、时尚的生活方式。

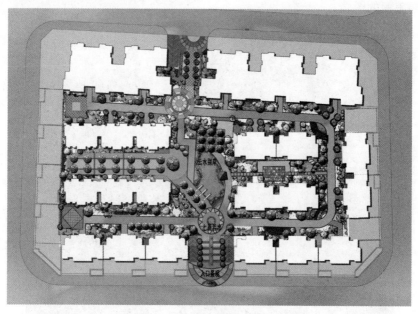

图 8-19　金沙明珠小区总平面图

8.3.2 宁南县金沙明珠居住区园林植物配置特点

金沙明珠小区的园林植物配置在满足不同的景观和功能需求以及生态优先的前提下，充分利用现有地势，通过乔、灌、草的搭配和组合，营造出四季有景、三季有花的植物季相景观效果。同时，多种植物的综合运用使景观呈现出多样性，形成了一定区域内相对稳定的植物群落系统，从而有效地提高了居住区环境的生态水平。在植物的布局设计上，根据不同功能分区的需要设计不同的植物类别和种植形式。整个小区的植物景观主要由入口景观、上善若水景观和云水别岸景观组成。

1. 入口景观植物配置

在金沙明珠小区的入口，设计者巧妙地将规则式种植和不规则式种植结合在一起，共同组成了金沙明珠小区的入口植物景观，如图 8-20 所示。

图 8-20 入口植物景观透视图

金沙明珠小区的入口植物景观分为两部分：

一部分是前端题名为"金沙明珠"的景石附近，采用的是草花地被和灌木的散植，属于不规则式种植。在入口前端铺装广场的中心留出了一块空地，放置了一块题有"金沙明珠"的景石，起到了点景的作用。景石下面是马尼拉草坪。草坪上可以在节假日点缀草花，这样既能突出节日热烈的景观效果，平时又便于管理，节约成本。景石的周围散植着沿阶草、春羽、欧洲水仙、花叶美人蕉、朱蕉等植物，丰富多样的植物点缀了景石，突出了热闹欢快的氛围，散植的方式又表现了小尺度设计的随意和精致，突出了作为一个住宅小区家的温馨。

另一部分是后端棕榈科植物的列植，属于规则式种植，突出的是整齐壮观的入口景观。在入口后端，设计者有意抬升了地形，布置了六级宽大的台阶。同时，台阶的两侧各设计了六个树池，对称地种植着六棵高大的中东海枣，树干高大通直，以深化竖向植物景观，中东海枣树干基部种植草花加以点缀。与对称式棕榈科树池相呼应的是一组中轴线花坛，在台阶的正中间设计了三个欧式的石质花钵，里面种植着三色堇等草花，布置成整齐的花球状，和高大对称的棕榈科植物共同形成了后端高大壮观、整齐划一的入口景观。

2. 上善若水景观植物配置

上善若水是小区核心处的一个主题喷泉景观，周围的植物也采用了规则式种植方式，只是植物的体量较入口处小，体现的是喷泉的主题和水的柔。

在小区入口景观抬升地形后，形成了一个小的制高点。这里是小区前部景观的核心处，设计者布置了一个名为"上善若水"的主题喷泉。周围是莲花图案的硬质铺装，中心是喷泉，两边是对植的紫薇。紫薇树形奇特，而且具有季相变化，给景观增添了一些灵动的色彩。夏季花开季节，紫薇落英缤纷，和喷泉的水相呼应，突出了水的柔，如图8-21所示。

图8-21　上善若水植物景观透视图

3. 云水别岸景观植物配置

云水别岸是金沙明珠小区中心的一个生态自净水景，围绕着水景四周的植物配置也非常有特色。

水景的西南方濒临的是小区里具有特色的景观大道，这里的植物继续采用列植的方式，与这里硬质的岸线以及岸边石质的特色水景小品相呼应。而在水景的东北方则是一片缓坡草地，这里采用了软质的驳岸，并种植了大量的岸边植物和水生植物如水葱、黄菖蒲、鸢尾、千屈菜、睡莲等，既净化了水体，又丰富了岸线景观。

在云水别岸的正北方是一个亲水树阵广场。这里的广场采用了硬质铺装，植物也采用了整齐的树阵种植方式，营造的是整齐、方正的植物景观，主要的是为居民遮阴，供他们在水边休闲玩耍及晨练。而在云水别岸的正西方是一个雅致的木质临水小亭，体现的是静静的水面、繁茂的植物、悠闲的人们可以静坐的闲情。这里的植物配置以群植和丛植为主。水面种植的是挺水植物荷花，靠近岸边种植的是风车草、芦苇、再力花、美人蕉、芦竹等，不仅形成了自然的、繁茂的水边植物景观，还能净化水体，再次突出了生态自净水景主题，如图 8-22 所示。

图 8-22　云水别岸植物景观透视图

8.4　四季庭院屋顶花园植物配置与造景

8.4.1　四季庭院屋顶花园概况

四季庭院屋顶花园是一所私人住宅的屋顶花园，位于凉山州西昌市。该屋顶花园的植物造景立足西昌的气候特点，兼顾功能需求，重点突出了四季有景，以季相变化为主要特色，如图 8-23 所示。

图 8-23　四季庭院屋顶花园平面图

8.4.2 四季庭院屋顶花园植物配置特点

1. 花架区植物配置

在四季庭院屋顶花园连接楼道处设置了一个花架，这个区域以藤本植物的搭架绿化为主。因为西昌的气候条件非常适合三角梅的种植，所以墙角的花架以种植三角梅为主；因为是家庭花园，在遮阴的同时又兼顾了家庭成员的种植和采摘需求，所以增加了葡萄的藤架栽培，如图8-24所示。

图8-24 四季庭院屋顶花园鸟瞰图

2. 繁花小径植物配置

在四季庭院屋顶花园通过花架后设置了一个繁花小径，这个区域以花灌木、草花、彩色叶地被种植为主。种植的植物有紫薇、桂花、红花檵木、金叶假连翘、散尾葵、蜘蛛兰、蜡梅、银边草、黄枝垂柳、红苋、五彩苏等。春天柳树发芽，夏天紫薇开花，秋季丹桂飘香，冬天蜡梅傲雪，一年四季繁花似锦。而在色彩上，有常绿的，有红色的，有金叶的，有银边的，有彩斑的，五颜六色，更突出了繁花小径这一主题，如图8-25所示。

图8-25 繁花小径植物景观效果图

3. 屋顶水景植物配置

　　四季庭院屋顶花园的西南角设置了一个屋顶花园的水景，这个区域以矮灌木和水生植物的散植和丛植为主。水景沿线种植的是肾蕨，绿色的枝叶与水体相得益彰；靠近假山处种植的是迎春和紫叶李，迎春下垂的枝条和紫叶李挺拔的枝干都点缀着假山，打破了假山石的僵硬，软化了线条和人工的痕迹；假山上种植的是肾蕨和鸡爪槭，而假山前的水面种植的是香蒲和春羽，如图 8-26 所示。

图 8-26　屋顶水景植物景观效果图

第9章　乡村民宿园林植物配置与造景

作为旧乡愁与新乡村相结合的产物，乡村民宿抓住了城市人群消解乡愁、亲近自然的心理需求，以其小而精美的特色和田园诗式的生活体验，迅速抢占了不小的市场份额，成为带动乡村振兴、推动城乡融合发展的新引擎。随着社会的迅速发展和人民生活水平的提高，人们对居住环境的要求越来越高，单纯的酒店、宾馆已不能满足游客的需求，更多的游客选择了富有文化气息、地方特色、亲近自然的乡村民宿。在乡村旅游持续升温的同时，民宿作为承接乡村旅游消费的主要载体也备受青睐。盘活乡村文化和旅游资源，拓宽农民增收渠道，引领农村经济快速发展，民宿经济已然成为助力乡村振兴的重要力量。乡村民宿立足农村，契合了现代人远离喧嚣、亲近自然、寻味乡愁的美好追求，给人一种释放压力、回归自然的释怀和放松。从具体情况来看，特色鲜明的乡村民宿已成为发展乡村旅游的有效切入点，为当地旅游发展加分不少。从这个意义上来说，民宿经济在助力乡村全面振兴中大有可为。植物景观作为乡村民宿的重要组成部分，扮演着不可替代的角色。乡村民宿中植物景观的应用与搭配不仅能改善民宿环境风貌，提高民宿整体水平，也能展现民宿文化底蕴。

9.1　乡村民宿植物造景原则与配置思路

9.1.1　乡村民宿植物造景原则

1. 保留传统，体现乡土特征

乡村民宿往往位于古村落、田野间、山林里，保留最原始的元素，是体现其乡土特征的重要手段。在进行植物配置时，应保留古树名木，尽可能选择乡土植物进行搭配。传统村落中的参天古树不仅能够形成独特的景观，而且能够体现村落的古老韵味。水稻、油菜花、果树等乡村特有的作物，也是打造民宿景观、体现乡土特征的重要手段。巧妙地运用这些素材进行造型、图案、色彩的组合，可以形成独具特色的乡村民宿景观。

2. 以树造景，于室成画

乡村民宿植物造景应尽量减少建筑和室内空间的过度装饰和改造，将室外漂亮的景色引入室内。院落内的景观也应该弃繁从简，巧用植物进行庭院造景，如日本枯山水庭院，在有限的场地内打造庭院小景，给室内增添色彩。以树造景，于室成画，巧于因借，是乡村民宿设计的重要途径。

3. 凸显地方特色和村落文化

村落文化根植于村落的发展历程，是农耕文明与自然共同作用的产物，是在一定地域空间内人们形成的行为方式、道德规范和风俗习惯，是人与自然密切接触而积累下来的宝贵财富，是一种能够反映村落人文意识的社会文化。村落文化主要分为物质文化和非物质文化。物质文化主要体现在村落的布局和建筑形式等方面，而非物质文化则体现在民风、民俗等方面。经过历史沉淀下来的村落文化影响着人们的思想和行为习惯，进而也在一定程度上影响着乡土植物景观和乡土植物材料的选择与分布。同时，由于地域差异所形成的不同文化也影响着乡土植物景观的形成。因此，在进行乡土植物景观设计时，要深入挖掘当地历史文化资源，吸取物质文化和非物质文化精髓，绿化设计应凸显当地文化特色，力求达到绿化与建筑交相呼应，人文与景观互相交融。坚持"继承—发展—创新"之路，激发村落乡土植物景观的活力。在悠久的历史长河中，人们对植物形成了感官上的印象，并将一定的寓意寄托于植物，作为一种民俗文脉的认定，影响着绿化中植物的选择。比如，松树的寓意是长寿吉祥，椿的寓意是长寿，梧桐的寓意是吉祥，竹的寓意是美好祝福，合欢的寓意是合家欢乐，枣的寓意是早生贵子，石榴的寓意是多子多福，芙蓉的寓意是富贵荣华，等等。

4. 注重植物景观的生态性

乡村民宿植物造景应最大限度地发挥村落自然优势，依托村落良好的自然景观和田园风光，充分利用土地资源，房前屋后见缝插绿、见缝插花；合理发展垂直绿化，因村制宜，充分利用房前屋后隙地推广小花园、小果园、小竹园和小菜园等多种绿化方式，有效发挥绿化的经济效益，改善村落生态环境。同时，绿化苗应以乡土乔灌木为主，慎用外来植物和名贵树种，减少草坪的使用面积，降低养护管理费用。乡土植物景观营造应综合考虑，根据村落位置、人口密度和自然环境合理设置绿化模式，选择与之对应的乡土植物，做到布局合理、形式多样和种类丰富。同时，注重植物和生态景观的多样性，建设多种类型、满足不同功能需求的绿地空间。

5. 提升游客的参与度和体验感

随着乡村旅游经济的发展，景点也在不断结合游客体验研究打造适宜的民宿环境，从舒适度等方面提升游客的居住体验。为了满足不同游客群体欣赏优美景致和体验田园生活的个性化需求，可以选择农作物进行民宿植物的配置。如将梨

树作为行道树种植，既可以满足行道绿化美观的需求，又能够春天赏花、夏天摘果，让游客在每个季节都能够有很强的体验感，增加民宿的居住趣味。再如利用水稻种植形成大面积的稻田景观，丰收季节稻浪翻滚、稻香弥漫，游客可以近距离欣赏稻田美景，轻闻泥土气息，感受生活的恬淡美好。

9.1.2 乡村民宿植物配置思路

1. 注重原生植物保护，构建完善的植物体系

植物在乡村逐渐演变发展的过程中不断地进行着自我选择，优胜劣汰，最后能留下来并形成一定群落规模的原生植物或者引种植物都可以认为是当地的乡土植物。在进行景观植物规划时，应充分保护这一类原生植物并加以利用。这就是立足于原始生态进行提升设计，为后期的植物配置寻找到了根源。在此基础上，运用更为优质的，兼具美学效益和经济效益的乡土植物进行综合配置，将其融入乡村的原始景观风貌中，尽量遵循"道不取直、树不砍、塘不填、山不劈、河道不截"的原则。随着乡村经济的飞速发展，村庄原有的乡土植物景色正逐渐消失，这已无法满足人们的日常生活需求，急需通过绿化设计对乡土植物进行补充，以此增加物种和景观层次的多样性，使其生态效益得到最大限度的体现。与原有植物相互弥补与发展，最终打造出属于当地景观风貌的完整植物体系。

2. 凸显特色，全面推进

对于现阶段全面开展的乡村建设规划而言，资金投入的多寡无疑对其成果的展现有着决定性的影响。因此，我们不能树立一个高标准的植物配置模式让所有乡村去参考，应对不同情况分别考虑。经济基础较好的乡村在进行乡土植物规划建设时，应先对乡村进行综合调研，再根据自身特点和环境基础，在不同的区域打造各具特色的乡土植物景观空间，做到全面推进的同时凸显自身特色。经济基础较为薄弱的乡村在进行乡土植物规划建设时，可考虑运用乡土植物打造重点空间区域的特色植物景观，待条件允许后再进行综合的乡土植物景观营造。

3. 体现季节变化，上层植被与下层植被合理搭配

在进行乡土植物配置时，需要根据季节的交替选择不同品种的乡土植物进行搭配，展现植物景观的季相性。而乡村对于植物绿量的需求远低于城市，因此，可打造"三季繁茂、冬季凋零"的植物景观：春季，植物萌生之美；夏季，万物生长之美；秋季，丰收喜悦之美；冬季，落寞与悲伤交织的自然时光之美。为避免单调的乡土植物景观，应形成乔木、灌木（或小乔木）、地被植物、草花、爬藤植物多层次的植物种植模式，从而展现植物景观的层次性和丰富性。一般背景以高大的林带种植为主，成林成片，形成较深的色调，前景植物选用较为跳跃的色彩。背景和前景植物既相互碰撞又相互包容，形成一个统一的整体。

　　4. 利用植物景观营造丰富空间

　　充分发挥植物的自然美和形体美，满足植物的生态需要，依据地形，以乔木、灌木、地被植物相互结合，营造多层次、多空间的植物景观，展现乡村民宿的田园乡土景观风貌。例如，乔木、灌木或小乔木、地被植物组合搭配色叶、花叶、异叶、观花植物等，形成错落有致、色彩丰富的植物群落，促进乡村植物景观的多样性。构建乔木+灌木或小乔木+地被植物的乡村植物群落配置模式可选择以下组合：银杏/杜英/山樱花+山茶/二乔玉兰/海桐/紫薇+二月兰/麦冬，枫香树/白玉兰/金桂+木芙蓉/小叶女贞/茶梅+鸢尾/紫花地丁，乌桕/木莲/碧桃/榉树+红叶石楠/红花檵木/大花栀子+红花酢浆草/细叶麦冬，无患子/垂丝海棠/紫花泡桐+小叶紫薇/伞房决明/金叶女贞+葱莲/大花萱草，鹅掌楸/柚子树/桂花+蜡梅/杜鹃/四季桂+鸡冠花/玉簪，板栗/银杏/马尾松+夹竹桃/竹柏/野迎春+凤仙花/沿阶草，广玉兰/合欢/垂柳+棣棠/石榴/金丝桃+大丽花/阔叶麦冬，重阳木/黄山栾树/苦槠+紫叶李/连翘+鸢尾/红花酢浆草，垂柳/乐昌含笑/碧桃+紫荆/迎春/杜鹃+大花萱草/马蹄金，香樟/槐树/三角槭+红枫/柑橘/木槿+波斯菊/沿阶草，乐昌含笑/桑树/梧桐+南天竹/金丝桃/杜鹃+鸢尾/红花酢浆草。以上植物群落模式中以乔木为骨干树构建群落，乔木树体大，起到视线焦点的作用；灌木或小乔木为配景树，搭配低矮灌木和地被植物栽植，营造丰富的景观层次，提升乡村景观的观赏效果。

　　5. 分区种植，营造不同的民宿植物景观效果

　　乡村民宿以分类、分区指导为原则，充分考虑区域文化特征及业态，营造不同的民宿植物景观风格，从而打造各具特色的民宿村落文化。这样既满足了乡村民宿发展和业态多元化的需要，又能促进民宿区域协同发展，满足地方文化旅游事业发展的需要。

9.2　乡村民宿植物景观设计

9.2.1　体验型民宿植物景观设计

　　体验型民宿植物景观设计以参与者在乡村环境中的体验为核心目标，围绕自然生态资源、景观空间营造、人文历史背景三大要素进行植物景观设计，通过情景与情感、自然与艺术、科学与教育三种体验营造方式增加参与者的体验感，保留乡土独特的地域性特征。

　　1. 季节性农耕景观植物造景

　　坐落于田间地头的乡村民宿拥有大面积的农作物耕作土地，可以利用农田耕种水稻、油菜、小麦等作物，构建多元化的农事体验民宿空间。如水稻在插秧成

长时期形态优美，可观可嗅，具有一定的审美体验价值，体验者可适当参与插秧、种植等活动；在水稻成熟季节则可开展一些亲子收割体验活动。

2. 乡村农业景观植物造景

乡村农业景观主要包括农田、林园、果园、花田等具有观赏价值的景观。农业生产的各个阶段对气候、地质、水资源条件的要求有所不同，应根据农作物的种植周期及农作劳动时节合理设计景观节点的内容，使乡村农业景观处于最佳观赏时间。樱桃、梨、桃、杏等果树可以成片种植，也可以散植于房前屋后、田间道旁，开花时节，花朵竞相绽放，非常适合拍照，形成别具特色的乡村田园民宿景观；果实成熟时，还能吸引游客来此进行果实采摘等活动，丰富民宿的体验感。同时，果树也是乡村植物景观打造中使用频率非常高的一类植物，池塘边可种植桃树和柳树，道路旁可种植梨树和杏树，院旁可种植樱桃和梨树，都能够形成较好的景观效果。

9.2.2 民俗文化型民宿植物景观设计

民俗文化型民宿植物景观设计应最大限度地保留古旧民居原有建筑风貌和老物件，让人们从中看得见乡愁，回忆得起童年的影像。同时，应强化乡村民宿自然环境、乡土元素、时代特征与艺术设计的有机融合，增添乡村古旧民宿的舒适度和时尚感。庙宇古刹、参天大树、林荫小道、红杏土墙、绿苔石阶成为民俗文化型民宿的乡土元素符号，应加以保护，并围绕这些乡土元素进行文化氛围的渲染。为了让这些植物能够凸显古村落的文化，往往选择树形婀娜、虬枝婉转、树冠饱满的植物，镶嵌于悬崖、石壁、山缝或石阶中，营造自然、古朴、生动的文化气息，如图9-1所示。

图9-1 镶嵌于石壁中的蓝花楹古树

　　生长于古村落的百年大树，是乡村发展和变化的见证者，也是传统地域元素的表达者，应在保护好它们的前提下开展一些观赏活动，如图 9-2 所示。

图 9-2　倚靠古树修建的乡村建筑

9.2.3　康养保健型民宿植物景观设计

　　在人口老龄化、城市病加剧的社会背景下，人们愈发重视身心健康，亲近自然的想法也愈发强烈。由此，基于健康理念的康养景观，结合景观设计与医学，强调自然对身体和精神的康养作用，成为当今时代一个重要的关注点。作为具有

生命力的景观要素，园林植物是体现康养功能的主要物质载体，具有生态、美学和社会文化等诸多价值，在康养景观设计中占有重要地位。基于园林康养理念的保健型民宿植物景观设计需要通过植物造景来达到康养保健的目的，具体有以下三种做法。

1. 森林康养模式下的民宿植物造景

森林是最早被开发利用于园林康养的一种植物造景模式。这种模式通过构建具有较高康养价值的植物群落，为康养型民宿提供保健场所和栖居地。适用于森林康养的植物有白桦、香樟、橡树、侧柏、蔷薇、枫树、冷杉等。在群山环抱之中，四周绿树成荫，负氧离子浓度很高，民宿周围的植物散发的芳香物让身处此地的游客得到放松，让久居城市中的人群可以近距离接触森林，享受森林康养的绿色疗愈。

2. 园艺疗法模式下的民宿植物造景

园艺疗法是一种通过参加园艺操作与园艺活动对人们的身心障碍进行调理和治疗的方法。人们通过园艺操作可以产生欢愉、平和、轻松的心理，同时也能达到锻炼身体、提高免疫力的目的。园艺操作模式以园艺疗法为理论基础，以供人们进行园艺操作和园艺活动的方式进行植物造景，使游客共同参与到民宿花园的建设中。这种参与性的花园建设吸引了热爱园艺、崇尚自然的人们选择这种模式的民宿进行康养体验。园艺操作模式注重园艺活动的实施和应用，可以通过民宿房前屋后种植区的自留地，规划片区的道旁园地，可操作的花坛、种植箱，可采摘的香草园、果园，植物触觉感知园等，实现植物景观的可参与性，打破植物造景既有的固定设计模式，拉近人与植物的距离，通过自然融入的方式教化人心，疗愈健康。这种体验式的园艺疗法模式也是民宿多元化经营的发展趋势。

3. 五感体验模式下的民宿植物造景

五感体验模式下的民宿植物造景，利用的是各类植物对人体视觉、听觉、嗅觉、触觉、味觉等感官的影响力（见表9－1和表9－2）。视觉上，抓住植物在树姿、叶、花、果等方面的观赏特性，通过恰当的种植方式和空间营造，创造出具有视觉美感的画面。利用"扶疏似树、高疏垂荫"的芭蕉，可以形成"雨打芭蕉"的视听感受。荷清蝉鸣、松涛阵阵也是一种听觉享受。植物所散发的特有的芳香，可以刺激大脑，使大脑达到完全放松的状态。植物的树皮、叶片和花果可以带给人们不同的触觉体验，比如树皮光滑又怕痒的紫薇，因其光滑的树干获得了"痒痒树"的别称，蜡梅粗糙的叶片形成了自身独特的识别特征，和叶片光滑亮丽的广玉兰形成了触觉的鲜明对比。从植物造景角度来看，作用于人的味觉的主要是果树、香草类植物，这类可食性植物可带给人们各种味觉享受。

表 9-1　植物造景的五感体验模式

感官	应用方式	康养功效
视觉	观姿、观叶、观花、观果植物	五颜六色杜鹃花的"色彩疗愈"
听觉	风雨与植物形成的声音	植物的"声景治愈"
嗅觉	芳香型植物	芳香疗法
触觉	碰触树皮、树叶、花、果等	激发感知力，调动情绪
味觉	可食性植物	保健养生

表 9-2　五感养生植物配置

感官	乔木	灌木或小乔木	地被植物
嗅觉	香樟、桂花、合欢等	栀子、绣球花、杜鹃、蜡梅等	百合、石斛、菊花等
味觉	李、杨梅、枇杷、樱花等	海棠、火棘、枸杞等	薄荷、苦菜、紫苏等
触觉	银杏、桂花、合欢、香樟等	栀子、南天竹、鸡爪槭、月季花、紫薇	何首乌、麦冬、肾蕨
听觉	银杏、刺槐、合欢、马尾松等	杜鹃、鸡爪槭、紫薇、蜡梅	肾蕨、芒草等
视觉	香樟、乌桕、桂花、红豆杉等	鹅掌柴、决明子、鸡爪槭、十大功劳、绣球花	桔梗、夏枯草等

9.2.4　院落型民宿植物景观设计

　　院落已逐步成为乡村民宿布局的重要形式，是乡村民宿不可或缺的部分。利用房前屋后、中庭、天井、房屋角落等形成大大小小、别具一格的院落景观，可供游客休息、品茗、娱乐、聚会等。这种院落型民宿近年来越来越受城市人的喜爱。与新农村其他绿地类型相比，庭院绿化可以更好地体现乡土植物景观特色，并且能够形成不同的院落景观风格，表达不同民宿主人的喜好和品味。大力发展庭院绿化可以较大程度地弥补村落绿化不足的问题。在庭院绿化中应综合考虑庭院空间的大小合理选择绿化植物，兼顾绿化美化、景观生态等多方面，植物配置上应乔、灌、藤、花、果、蔬相结合，注重植物景观的季相变化，选择色叶树种来丰富庭院色彩。根据庭院空间的大小考虑发展小花园、小果园和小药园，建设园林型、花卉型、林木型、果树型和蔬菜型庭院，充分发挥庭院功能，美化村落环境。对于空间较大的庭院，可以通过种植庭荫树，搭设葡萄架、花架等改善光照条件。庭荫树应尽量选择落叶乔木，满足夏季纳凉和冬季采光的需要。

1. 房前屋后植物种植设计

房前屋后是指民宿建筑物的四周区域以及建筑与建筑形成的夹角区域的空闲地段。可利用该区域进行园林景观绿化，形成建筑物四周的景观休闲空间。受建筑物遮挡的影响，在进行植物配置时应根据日照情况选择适合的园林植物进行搭配，合理选择喜阴、吸光以及半耐阴植物。民宿建筑物四周可用竹篱笆、土墙、石墙、木栅栏等以自然元素为主的材质作为围护形成院落小空间，或配以攀缘植物，如蔷薇、木香花、三角梅、炮仗花、金银花等（如图9-3所示），或孤植一株造型优美的植物于土墙、石墙旁，如桃树、杏树、梨树、樱桃等（如图9-4所示），形成极具乡土气息的植物景观效果。

图9-3 土墙上攀缘的藤蔓植物　　　　图9-4 开满樱桃花的民宿庭院

2. 中庭植物种植设计

中庭区域是由建筑围合形成的具有较大空间的区域。该区域是最能够展现民宿风格、体现民宿特色的一个区域，应当重点打造。中庭具有休闲、观景、过渡、通行以及软化建筑外观的功能，可以根据民宿的定位以及主人的喜好营建具有不同功能和风格的民宿景观区域。如追求修身养性的，可打造禅意庭院；充满生活气息、回归田园的，可打造体验式庭院；满足活动功能的，可打造休闲庭院。

（1）禅意庭院植物种植设计。

禅意就是用极简主义的手法来表现微缩的世界，用干练的线条"以大观小"，缩千里于盆池。跳出时空，以超然的视野来凝视过去与未来。在禅意庭院中植物不能设计得过于繁杂，不宜选择繁花似锦的花卉植物，也不宜选择过于高大的植物，应选择色彩较为素雅的植物，下层地被植物以草皮和苔藓为主。常见植物有宽叶山月桂、光叶石楠、樟树、铁冬青、月桂、马醉木、钝齿冬青、小叶黄杨、栀子、石楠、海桐、阔叶十大功劳、大叶黄杨、龟甲冬青、毛竹、金明竹、紫竹、唐菖蒲、万年青、桔梗、波叶玉簪、雀舌花、苔藓类、矮竹类、蕨类等。

（2）体验式庭院植物种植设计。

在体验式庭院植物景观模式下，人们可以更好地与庭院景观进行互动。为增强游客与庭院植物景观的互动性，强化游客旅游体验感，要积极打造体验式庭院植物景观。比如，可以构建耕种类型的庭院，在庭院中配置农作物、农具，让游客体验劳动；可以设置艺术体验、特色产品制作类型的庭院，使游客了解当地特色农产品制作过程，在大自然环境中感受艺术。以茶叶为例，可以用茶树打造庭院植物景观并设置空间，鼓励游客在茶树下亲自体验制茶过程。

（3）休闲庭院植物种植设计。

休闲庭院的功能很多，能够满足不同人群对庭院生活的需求，如散步小憩、儿童娱乐、户外烧烤等，在进行植物种植设计时可以根据主人的喜好和民宿的风格进行配置。植物应以中到小乔木、灌木和花卉植物为主，切忌使用冠幅较大的常绿乔木，以免影响室内和庭院采光。同时，注重植物观赏特性的搭配，以及庭院文化艺术性的体现，尽可能使用能够体现民宿特色的乡土植物，如桃、李、杏、梨等果树类植物，配以观赏价值较高的乔灌木，如银杏、红枫、鸡爪槭、元宝槭、槐树等，让庭院内的植物景观做到有丰富的季相变化和多样的层次。

3．天井植物种植设计

天井是建筑围合形成的较小的空间，主要用于满足建筑室内采光和通风的需求，因此，天井的植物配置可以不用特别复杂，一些简单搭配就可以达到较好的效果。比如铺上一些沙石和木板，加上少许绿植和一棵孤植树，能够形成回归自然、独成一派的乡村庭院景观。

4．民宿庭院垂直绿化设计

民宿建筑外立面具有清晰的轮廓和结实的质感，笔直的线条难以和周围田园化风格相融，迫切需要植物丰富的色彩、柔和的线条去调和。植物季节的更迭和枝叶的层次使建筑变得活泼，两者之间构成动态的均衡构图。选择攀缘植物攀附在建筑或者其他空间结构上，如在砖墙上爬满青苔地衣，在屋顶上爬满青藤和牵牛花，不仅美化了建筑外形，而且可以在一定程度上控制墙面的干湿，有利于民宿建筑的保存，还具有保温隔热的功能。在寒冷的冬季，叶片脱落既不影响太阳光的辐射，其藤蔓、枝条又能起到保温的作用。

5．民宿露台植物种植设计

露台作为民宿的空间延伸，是丰富民宿空间层次，满足民宿功能需求的一种重要途径。然而搭建的露台，无论是钢混结构还是钢结构，普遍存在露台硬化过度、大面积的铺装让露台显得十分单调、缺少民宿的情调和韵味等问题。园林植物在露台的设计中起着非常关键的作用，可以用植物来弱化硬质界面，如图 9-5所示。常见的处理手法如下：利用露台的漏孔处，在一层地面种植乔木，植物刚好透过露台的空洞，伸出露台，达到观赏树冠、增加露台绿化量的目的；利用可移动的容器进行植物种植，如选择陶罐、陶缸、石槽、石钵等具有乡土气息的器皿，在里面种植灌木或花卉植物。

图 9-5　露台上的植物景观

参考文献

陈瑞丹，周道瑛. 园林种植设计 [M]. 2 版. 北京：中国林业出版社，2019.

陈有民. 园林树木学 [M]. 2 版. 北京：中国林业出版社，2011.

陈月华，王晓红. 植物景观设计 [M]. 长沙：国防科技大学出版社，2005.

董丽. 园林花卉应用设计 [M]. 3 版. 北京：中国林业出版社，2015.

房世宝. 园林规划设计 [M]. 北京：化学工业出版社，2007.

冯荭. 园林美学 [M]. 北京：气象出版社，2007.

郭风平，方建斌. 中外园林史 [M]. 北京：中国建筑工业出版社，2005.

何平，彭重华. 城市绿地植物配置及其造景 [M]. 北京：中国林业出版
    社，2001.

胡长龙，戴洪，胡桂林. 园林植物景观规划与设计 [M]. 2 版. 北京：机械工
    业出版社，2016.

胡文芳. 中国植物园建设与发展 [D]. 北京：北京林业大学，2005.

黄金锜. 屋顶花园：设计与营造 [M]. 北京：中国林业出版社，1994.

江明艳，陈其兵. 风景园林植物造景 [M]. 2 版. 重庆：重庆大学出版
    社，2022.

金煜. 园林植物景观设计 [M]. 2 版. 沈阳：辽宁科学技术出版社，2015.

林厚萱，章慧麟，侯学煜. 酸性土、钙质土和盐渍土指示植物的化学成分 [J].
    土壤学报，1957，5（3）：247−270.

刘荣凤. 园林植物景观设计与应用 [M]. 北京：中国电力出版社，2009.

刘少宗，龚理淑，檀馨，等. 城市街道绿化设计 [M]. 北京：中国建筑工业出
    版社，1981.

刘少宗. 景观设计纵论 [M]. 天津：天津大学出版社，2003.

卢圣. 植物造景 [M]. 北京：气象出版社，2004.

孟凡聪，刘燕. 芍药花期调控研究进展 [J]. 华北农学报，2005，20（专辑）：
    148−151.

欧阳汝欣，徐继忠，王同建，等. 温度对果树芽休眠的影响研究进展 [J]. 河北
    农业大学学报，2002，25（增刊）：101−103.

屈海燕. 园林植物景观种植设计 [M]. 北京：化学工业出版社，2012.

瞿辉，金荷仙，李湘萍，等. 园林植物配置 [M]. 北京：中国农业出版社，1999.

苏雪痕. 植物造景 [M]. 北京：中国林业出版社，1994.

孙卫邦. 观赏藤本及地被植物 [M]. 北京：中国建筑工业出版社，2005.

孙延智，义鸣放. 贮藏温度对唐菖蒲球茎打破休眠和萌芽的影响 [J]. 河北农业大学学报，2004，27（5）：46-50.

孙雨珍，胡小荣，陈辉. 结缕草种子发芽温度及打破休眠方法的研究 [J]. 中国草地，1996（1）：42-45.

王立新. 非洲菊鲜切花家用保鲜液的比较试验 [J]. 科技致富向导，2011（32）：26，93.

王立新. 攀西干旱河谷地区红树莓生物学特性比较研究 [J]. 西昌农业高等专科学校学报，2004，18（4）：135-137.

王立新，田丽. 2种彩叶植物光合特性的研究 [J]. 安徽农业科学，2010，38（2）：715-717.

王立新. 西昌市邛海湿地公园水生植物现状及配置分析 [J]. 现代园艺，2011（17）：117.

王立新. 5种保鲜剂对百合保鲜效果的研究 [J]. 科技致富向导，2010（27）：138-139.

王立新. 2种观叶植物光合特性研究 [J]. 中国园艺文摘，2011（11）：18-19.

熊济华，唐岱. 藤蔓花卉 [M]. 北京：中国林业出版社，2000.

熊运海. 园林植物造景 [M]. 北京：化学工业出版社，2009.

徐晓，肖天贵，麻素红. 西南地区气候季节划分及特征分析 [J]. 高原山地气象研究，2010，30（1）：35-40.

许桂芳，吴铁明，张朝阳. 抗污染植物在园林绿化中的应用 [J]. 林业调查规划，2006，31（2）：146-148.

姚时章，蒋中秋. 城市绿化设计 [M]. 重庆：重庆大学出版社，2000.

尹吉光，等. 图解园林植物造景 [M]. 2版. 北京：机械工业出版社，2011.

张吉祥. 园林植物种植设计 [M]. 北京：中国建筑工业出版社，2001.

张明如. 内蒙古寒温带针叶林区植物种多样性的评估 [J]. 内蒙古林学院学报（自然科学版），1999，21（2）：1-7.

张天麟. 园林树木1600种 [M]. 北京：中国建筑工业出版社，2010.

张献，戴少伟. 华中地区影响园林树木抗风害能力的因素分析 [J]. 安徽农学通报，2012，18（13）：153-154.

赵建民. 园林规划设计 [M]. 3版. 北京：中国农业出版社，2015.

中国大百科全书总编辑委员会本卷编辑委员会，中国大百科全书出版社编辑部.
 中国大百科全书：建筑 园林 城市规划 [M]. 北京：中国大百科全书出版
 社，1988.

中国建筑工业出版社. 城乡规划规范 [M]. 北京：中国建筑工业出版社，2008.

中国农业百科全书编辑部. 中国农业百科全书：观赏园艺卷 [M]. 北京：农业
 出版社，1996.

朱钧珍. 居住区绿化 [M]. 北京：中国建筑工业出版社，1981.

朱钧珍. 中国园林植物景观艺术 [M]. 北京：中国建筑工业出版社，2003.